演習で身につく
フーリエ解析

黒川隆志・小畑秀文 著

共立出版

はじめに

　フーリエ解析は工学分野，特に電気系，情報系，機械系，物理系において重要な数学であり，ほとんどの大学において必修科目となっている．特に電気系においては演習付きの科目となっている場合がしばしばであるが，フーリエ解析の演習書はきわめて少ない．

　著者らはこれまで数年間にわたり，電気電子工学科2年生を2クラスに分けフーリエ解析（必修）を演習付きで週2コマ教えてきた．1コマが講義，もう1コマが演習という形で，講義の内容を実際の問題を解きながら理解するという形式で進めている．その際，適当な演習書が見当たらないので，自作した演習問題のプリントを配布して行ってきた．

　この講義の経験をもとに，演習問題を解くことによってフーリエ解析を身につけることを狙いとして，本書を作成した．内容の解説は最小限にしぼり，例題をあげながら内容を理解し，次に演習問題を解くといった形にまとめた．自習できるよう，できるだけていねいな解答も付けたつもりである．また，フーリエ解析を工学にどのように応用するかについても，多数の問題をあげて理解できるよう努めた．

　本書の執筆は1～8章を黒川が，9～10章を小畑が担当した．また，本書の作成にあたり，巻末にあげた参考文献をはじめ，多くの先人の著作を参考にさせていただくとともに，共立出版㈱の國井和郎氏の手を煩わせた．改めて感謝の意を表する．

2005年　新春

著　者

目　　次

第 1 章　数学的準備 ································· 1
1.1　周期関数　*1*
1.2　複素数と複素表示　*2*
1.3　偶関数と奇関数　*6*
演習問題 1　*8*

第 2 章　フーリエ級数 ······························· 11
2.1　三角関数によるフーリエ級数展開　*11*
2.2　複素フーリエ級数展開　*15*
演習問題 2　*18*

第 3 章　フーリエ変換 ······························· 21
3.1　フーリエ積分　*21*
3.2　フーリエ変換の性質　*26*
演習問題 3　*30*

第 4 章　特殊関数 ··································· 33
4.1　デルタ関数　*33*
4.2　デルタ関数のフーリエ変換　*36*
4.3　周期関数のフーリエ変換　*39*
4.4　単位階段関数　*41*
演習問題 4　*44*

第5章　たたみ込み積分と相関関数 …… 47

5.1　たたみ込み積分　*47*

5.2　たたみ込み定理とパーシバルの定理　*50*

5.3　相関関数　*52*

5.4　相関関数のフーリエ変換　*55*

演習問題 5　*57*

第6章　線形システムへの応用 …… 59

6.1　フーリエ変換による線形常微分方程式の解法　*59*

6.2　線形システム　*63*

演習問題 6　*69*

第7章　電気回路への応用 …… 71

7.1　電気回路の方程式　*71*

7.2　電源が正弦波交流の場合　*72*

7.3　電源が（正弦波交流以外の）周期電圧の場合　*74*

7.4　電源が一般的な波形電圧（非周期電圧）の場合　*76*

演習問題 7　*78*

第8章　電磁気学・光学への応用 …… 81

8.1　電磁気学への応用　*81*

8.2　電磁波の伝播　*86*

8.3　光学への応用　*87*

演習問題 8　*93*

第9章　通信・信号処理への応用 …… 95

9.1　振幅変調　*95*

9.2　サンプリング定理　*98*

9.3　平均相関関数　*99*

9.4　線形システムとスペクトル　*102*

演習問題 9　　*105*

第 10 章　ラプラス変換 ··· *107*

10.1　ラプラス変換とは　　*107*

10.2　ラプラス変換の性質　　*109*

10.3　ラプラス逆変換　　*111*

10.4　微分方程式の解法への応用　　*112*

10.5　フーリエ変換との関係　　*114*

演習問題 10　　*115*

付　録　各種公式 ··· *117*

A1　三角関数の公式　　*117*

A2　フーリエ級数展開　　*118*

A3　フーリエ変換の性質　　*119*

A4　デルタ関数と単位階段関数の性質　　*121*

A5　たたみ込み積分と相関関数　　*122*

A6　ラプラス変換の公式　　*122*

演習問題　解答 ··· *125*

参考文献　　*154*

索　引　　*155*

第1章

数学的準備

1.1 周期関数

> **[定義 1.1（周期関数の定義）]**
> 周期関数は，任意の t に対して
> $$f(t) = f(t + nT) \tag{1.1}$$
> となる T が存在する関数として定義される．ここで T を周期といい，n は整数．

$f(t)$ が時間の関数のとき，

T [sec]：周期，$\nu = \dfrac{1}{T}$ [Hz]：周波数（振動数），$\omega = \dfrac{2\pi}{T}$ [rad/sec]：角周波数

【基本周期】

いくつかの周期関数の重ね合わせからなる関数の周期を基本周期という．周期 $T_1, T_2, T_3, \cdots$ のいくつかの周期関数の重ね合わせからなる関数に対して，その基本周期は，$T_1, T_2, T_3, \cdots$ の最小公倍数で与えられる．

例題 1-1 次の関数の周期を求めよ．
(1) $\sin t$ (2) $\cos(2\pi t)$

［解］

(1) 2π (2) 1

例題 1-2 次の関数の基本周期を求めよ．

$$f(t) = \sin t + \sin\frac{t}{2} + \sin\frac{t}{3}$$

［解］

$\sin t$ の周期は 2π，$\sin\dfrac{t}{2}$ の周期は 4π，$\sin\dfrac{t}{3}$ の周期は 6π となり，これらの合成関数の基本周期は図 1.1 のように $(2\pi, 4\pi, 6\pi)$ の最小公倍数の 12π となる．

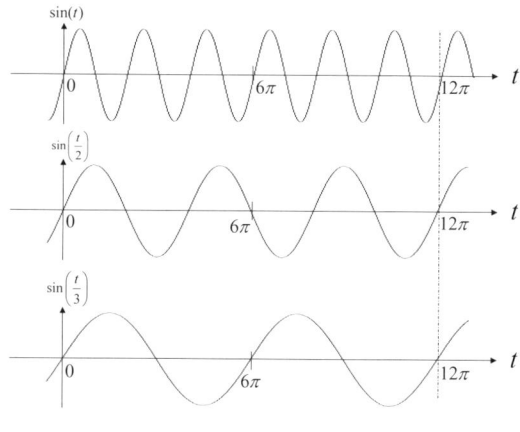

図 1.1　基本周期

1.2　複素数と複素表示

複素数を用いると，計算が簡単に，公式がシンプルになる利点がある．例えば次のように，三角関数は微分のたびに符号と正弦・余弦の変換が起こるが，複素数では $j\omega_0$ を掛けるだけでよい．

$$\cos\omega_0 t \xrightarrow{d/dt} -\omega_0 \sin\omega_0 t \xrightarrow{d/dt} -\omega_0^2 \cos\omega_0 t \cdots$$

$$e^{j\omega_0 t} \xrightarrow{d/dt} (j\omega_0)e^{j\omega_0 t} \xrightarrow{d/dt} (j\omega_0)^2 e^{j\omega_0 t} \cdots$$

【複素数と三角関数の関係】

> [定理 1.1 (オイラーの公式)]
> $$e^{j\theta} = \cos\theta + j\sin\theta \qquad e^{-j\theta} = \cos\theta - j\sin\theta \qquad (1.2)$$

複素数 z に対し次の2つの表示方法(図1.2参照)がある.

直交表示 $\qquad z = a + jb \qquad (1.3)$

指数関数表示 $\qquad z = |z|e^{j\phi} \qquad (1.4)$

ただし,

$$|z| = \sqrt{a^2 + b^2}, \quad \phi = \tan^{-1}\left(\frac{b}{a}\right) \qquad (1.5)$$

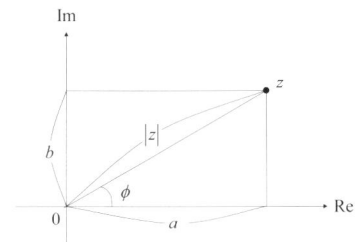

図 1.2 直交表示と指数関数表示

【複素表示】

正弦波的に時間変化する問題を扱うとき,実際に扱う量は実数であるが複素数を用いると便利である.例えば次の関数を考える.

$$f(t) = |A|\cos(\omega t + \theta) \qquad (1.6)$$

これに対して複素数

$$A = |A|e^{j\theta} \qquad (1.7)$$

を定義する.Re[ ]を実数部をとる演算子とすると,式(1.6)は次のように書ける.

$$f(t) = \text{Re}\left[Ae^{j\omega t}\right] \tag{1.8}$$

これは図 1.3 のように複素平面上の点が半径 $|A|$ の円周上を，初期位相 θ，角速度 ω で回っていることを示しており，この実軸成分が関数 $f(t)$ となっている．しばしば式（1.8）を，

$$f(t) = Ae^{j\omega t} \tag{1.9}$$

のように表現することがあるが（厳密には正しくない），このような複素表示に対しては常に，$Ae^{j\omega t}$ の実数部を考えることにすると理解しておけばよい．

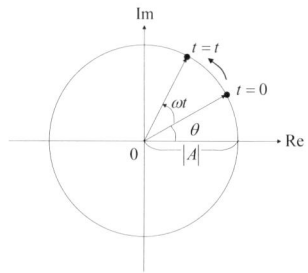

図 1.3　複素表示

複素表示の有用性は次の定理が成り立つことによる．

［定理 1.2］
　複素表示に対して次の等式が成り立つ．

(1) $\text{Re}\left[A_1 e^{j\omega_1 t} \pm A_2 e^{j\omega_2 t}\right] = \text{Re}\left[A_1 e^{j\omega_1 t}\right] \pm \text{Re}\left[A_2 e^{j\omega_2 t}\right]$ 　　(1.10)

(2) $\text{Re}\left[\dfrac{d}{dt} Ae^{j\omega t}\right] = \dfrac{d}{dt} \text{Re}\left[Ae^{j\omega t}\right]$ 　　(1.11)

例題 1-3　定理 1.2 を証明せよ．
［解］
各項に対して次のように等式が成り立つ．

(1) $\mathrm{Re}\left[A_1 e^{j\omega_1 t} \pm A_2 e^{j\omega_2 t}\right] = \mathrm{Re}\left[|A_1|e^{j(\omega_1 t + \theta_1)} \pm |A_2|e^{j(\omega_2 t + \theta_2)}\right]$
$= |A_1|\cos(\omega_1 t + \theta_1) \pm |A_2|\cos(\omega_2 t + \theta_2) = \mathrm{Re}\left[A_1 e^{j\omega_1 t}\right] \pm \mathrm{Re}\left[A_2 e^{j\omega_2 t}\right]$

(2) $\mathrm{Re}\left[\dfrac{d}{dt} A e^{j\omega t}\right] = \mathrm{Re}\left[j\omega A e^{j\omega t}\right] = -\omega|A|\sin(\omega t + \theta)$
$= \dfrac{d}{dt}\left(|A|\cos(\omega t + \theta)\right) = \dfrac{d}{dt}\mathrm{Re}\left[A e^{j\omega t}\right]$

関数の積に対しては複素表示を用いることはできない．なぜなら一般に

$$\mathrm{Re}\left[A e^{j\omega t} \cdot B e^{j\omega t}\right] \neq \mathrm{Re}\left[A e^{j\omega t}\right] \cdot \mathrm{Re}\left[B e^{j\omega t}\right]$$

だからである．しかし積の時間平均に対しては次の定理が成り立つ．

［定理 1.3］

$$a(t) = \mathrm{Re}\left[A e^{j\omega t}\right] = |A|\cos(\omega t + \theta_a) \qquad b(t) = \mathrm{Re}\left[B e^{j\omega t}\right] = |B|\cos(\omega t + \theta_b)$$

の2つの関数の積の時間平均に対して次の等式が成り立つ．

$$\begin{aligned}\langle a(t)b(t)\rangle &= \dfrac{1}{T}\int_0^T |A|\cos(\omega t + \theta_a)|B|\cos(\omega t + \theta_b)\,dt \\ &= \dfrac{1}{2}\mathrm{Re}\left[AB^*\right]\end{aligned} \qquad (1.12)$$

(*は複素共役の，＜＞は時間平均の記号である）

この定理は消費電力の計算においてきわめて有用である．

例題 1-4 定理 1.3 を証明せよ．

［解］

$$\begin{aligned}\langle a(t)b(t)\rangle &= \dfrac{1}{T}\int_0^T |A|\cos(\omega t + \theta_a)|B|\cos(\omega t + \theta_b)\,dt \\ &= \dfrac{1}{2T}\int_0^T |A||B|\{\cos(2\omega t + \theta_a + \theta_b) + \cos(\theta_a - \theta_b)\}\,dt = \dfrac{1}{2}|A||B|\cos(\theta_a - \theta_b) \\ &= \dfrac{1}{2}\mathrm{Re}\left[AB^*\right]\end{aligned}$$

例題 1-5 次の複素数を指数関数形式に直せ．

(1) $1 - j\sqrt{3}$　　(2) $1 + j$

［解］

(1) $1 - j\sqrt{3} = 2\left(\dfrac{1 - j\sqrt{3}}{2}\right) = 2\left(\cos\dfrac{\pi}{3} - j\sin\dfrac{\pi}{3}\right) = 2e^{-j\frac{\pi}{3}}$

(2) $1 + j = \sqrt{2}\left(\dfrac{1 + j}{\sqrt{2}}\right) = \sqrt{2}\,e^{j\frac{\pi}{4}}$

例題 1-6 複素表示を用いて，次の計算をせよ．

$$f(t) = 100\cos\left(50t + \dfrac{\pi}{6}\right) + \dfrac{d}{dt}(2\cos 50t)$$

［解］

$$f(t) = \mathrm{Re}\left[100e^{j\left(50t+\frac{\pi}{6}\right)} + \dfrac{d}{dt}\left(2e^{j50t}\right)\right] = \mathrm{Re}\left[100e^{j\left(50t+\frac{\pi}{6}\right)} + j50 \times 2e^{j50t}\right]$$

$$= \mathrm{Re}\left[100e^{j50t}\left(e^{j\frac{\pi}{6}} + j\right)\right] = \mathrm{Re}\left[100e^{j50t}\left(\sqrt{3}\,e^{j\frac{\pi}{3}}\right)\right] = 100\sqrt{3}\cos\left(50t + \dfrac{\pi}{3}\right)$$

上の式において e^{j50t} は常に共通項なので，これを省いて振幅と位相部分のみを次のように計算すると簡単である．

$$100e^{j\frac{\pi}{6}} + j50 \times 2 = 100\sqrt{3}\,e^{j\frac{\pi}{3}}$$

1.3　偶関数と奇関数

関数の対称性を利用すると，フーリエ級数などの計算が簡単になる．

> ［定義 1.2］
> 関数 $f(t)$ が
> 　$f(-t) = f(t)$ の条件を満足するとき偶（even）関数と呼び，
> 　$f(-t) = -f(t)$ の条件を満足するとき奇（odd）関数と呼ぶ．

図 1.4 に偶関数と奇関数の例を示す．

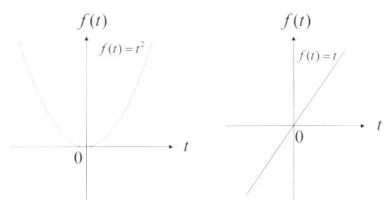

図 **1.4**　偶関数と奇関数の例

一般の関数 $f(t)$ は偶関数 $f_e(t)$ と奇関数 $f_o(t)$ に分解できる．

$$f(t) = \underbrace{\frac{1}{2}\bigl[f(t)+f(-t)\bigr]}_{\text{偶関数}} + \underbrace{\frac{1}{2}\bigl[f(t)-f(-t)\bigr]}_{\text{奇関数}} = f_e(t) + f_o(t)$$

関数を積分するとき次の性質を利用すると便利．

［定理 **1.4**］

　　奇関数 $f_o(t)$ の積分に対しては　　$\int_{-a}^{a} f_o(t)dt = 0$

　　偶関数 $f_e(t)$ の積分に対しては　　$\int_{-a}^{a} f_e(t)dt = 2\int_{0}^{a} f_e(t)dt$

例題 1-7　定理 1.4 を証明せよ．

［解］

奇関数に対しては

$$\int_{-a}^{a} f_o(t)dt = \int_{-a}^{0} f_o(t)dt + \int_{0}^{a} f_o(t)dt = -\int_{a}^{0} f_o(-t')dt' + \int_{0}^{a} f_o(t)dt$$

$$= \int_{a}^{0} f_o(t')dt' + \int_{0}^{a} f_o(t)dt = -\int_{0}^{a} f_o(t')dt' + \int_{0}^{a} f_o(t)dt = 0$$

偶関数に対しては

$$\int_{-a}^{a} f_e(t)dt = \int_{-a}^{0} f_e(t)dt + \int_{0}^{a} f_e(t)dt = -\int_{a}^{0} f_e(-t')dt' + \int_{0}^{a} f_e(t)dt$$
$$= -\int_{a}^{0} f_e(t')dt' + \int_{0}^{a} f_e(t)dt = \int_{0}^{a} f_e(t)dt + \int_{0}^{a} f_e(t)dt = 2\int_{0}^{a} f_e(t)dt$$

> [定理 1.5]
>
> （偶関数×偶関数）は偶関数，（奇関数×奇関数）は偶関数，（偶関数×奇関数）は奇関数である．

例題 1-8 次の関数は偶関数，奇関数，どちらでもない，のいずれか．

(1) $t\sin t$ (2) $t^3 \cos t$

[解]

(1) 偶関数   (2) 奇関数

―――― 演習問題 1 ――――

1-1 次の式を三角関数の和または差の形に変形せよ．

  (1) $2\sin 4\theta \cos 2\theta$ (2) $2\cos\theta \cos 3\theta$ (3) $2\sin\theta \sin 3\theta$

1-2 $\cos\theta = \dfrac{1}{2}$ のとき，次の式の値を求めよ．

  (1) $\sin 2\theta$ (2) $\cos 2\theta$ (3) $\tan 2\theta$ (4) $\sin^2 \dfrac{\theta}{2}$

  (5) $\cos^2 \dfrac{\theta}{2}$ (6) $\tan^2 \dfrac{\theta}{2}$ (7) $\sin 3\theta$ (8) $\cos 3\theta$

1-3 次の関数を $A\sin(\omega t \pm \theta)$ の形にせよ．（A は任意定数）

  (1) $\dfrac{1}{\sqrt{2}}\sin\omega t + \dfrac{1}{\sqrt{2}}\cos\omega t$ (2) $\sin\omega t - \sqrt{3}\cos\omega t$ (3) $4\sin\omega t + 3\cos\omega t$

1-4 次の関数を $A\cos(\omega t \pm \theta)$ の形にせよ．（A は任意定数）

  (1) $\sin\omega t + \cos\omega t$ (2) $-\dfrac{1}{2}\sin\omega t + \dfrac{\sqrt{3}}{2}\cos\omega t$ (3) $\sqrt{3}\sin\omega t + \cos\omega t$

1-5 次の関数の周期を求めよ．

  (1) $\sin\dfrac{t}{3}$ (2) $\cos\dfrac{t}{2}$ (3) $\sin\dfrac{2\pi t}{k}$ (4) $|\sin 3t|$

1-6 次の関数は周期関数となるか．周期関数であればその周期も示せ．

  (1) $f(t) = 5\sin 2\pi t + \cos 4\pi t$ (2) $f(t) = \sin\sqrt{2}t + \sin\sqrt{3}t$ (3) $f(t) = \cos\omega_0 t \cdot \sin 5\omega_0 t$

1-7 次の関数の基本周期を求めよ．

  (1) $f(t) = \sin t \cos 2t$ (2) $f(t) = \sin^2 t$ (3) $f(t) = \sin^3 t$

1-8 周期 T の周期関数 $f(t)$ に対して，次の式が成立つことを示せ．
$$\int_{a-T/2}^{a+T/2} f(t)dt = \int_{-T/2}^{T/2} f(t)dt \quad \text{ただし，a は任意定数}$$

1-9 $f(t)$ が周期 T の周期関数のとき，$f(at)$ が周期関数であることを示し，その周期を求めよ．ただし，$a \neq 0$ である．

1-10 次の複素数を直交形式に書き直せ．
(1) $10e^{-j\pi}$ (2) $2e^{j\frac{\pi}{3}}$ (3) $\sqrt{2}e^{j\frac{3\pi}{4}}$ (4) $2e^{j\frac{5\pi}{6}}$ (5) $e^{-j\frac{\pi}{2}}$ (6) $e^{j5\pi}$
(7) $e^{j\frac{\pi}{4}}$ (8) $e^{j2\pi} + e^{-j\pi}$ (9) $e^{j3\pi} \cdot e^{-j2\pi}$

1-11 次の複素数を指数関数形式で書け．
(1) $-j$ (2) $1+j$ (3) $1+j\sqrt{3}$ (4) $\sqrt{3}-j$ (5) $\dfrac{1}{\sqrt{3}+j}$ (6) $\dfrac{j}{2}$
(7) $\cos(\alpha\omega) - j\sin(\alpha\omega)$ (8) $\dfrac{1}{1+j}$

1-12 次の計算をして，結果を指数関数形式で書け．
(1) $j(1-j)$ (2) $\dfrac{\sqrt{3}-j}{\sqrt{3}+j}$ (3) $(1+j\sqrt{3})^2$ (4) $\dfrac{1+j}{1-j}$ (5) $(1-j\sqrt{3})^2$

1-13 次の計算をせよ．
(1) $(3+j4) \times (6-j8) + \dfrac{5-j}{4+j3}$ (2) $\sqrt[6]{1}$ (3) $\log_e(-1)$ (4) $\sqrt[3]{j}$

1-14 複素表示を用いて，次の計算をせよ．
(1) $v(t) = \cos 2\omega t + \cos\left(2\omega t + \dfrac{2}{3}\pi\right) + \cos\left(2\omega t + \dfrac{4}{3}\pi\right)$
(2) $f(t) = \cos\left(\omega t + \dfrac{\pi}{4}\right) + \cos\left(\omega t - \dfrac{\pi}{4}\right)$
(3) $f(t) = \dfrac{1}{\sqrt{2}}\cos(t) - \dfrac{d}{dt}\cos\left(t - \dfrac{\pi}{4}\right)$

1-15 2 つの電流 $i_1 = 2\cos\omega t$，$i_2 = 2\cos\left(\omega t - \dfrac{\pi}{3}\right)$ の合成電流を複素表示を用いて求めよ．また i_1，i_2，$i_1 + i_2$ の複素表示を複素平面上に図示せよ．

1-16 次の関数は偶関数，奇関数，どちらでもない，のいずれか．
(1) $\sin t + \cos t$ (2) $\sin t \cos t$ (3) $e^{-|t|}$ (4) $t^2 + 1$
(5) $\sin\left(t + \dfrac{\pi}{4}\right)\cos\left(t + \dfrac{\pi}{4}\right)$ (6) $\sin\left(t + \dfrac{\pi}{4}\right) + \cos\left(t + \dfrac{\pi}{4}\right)$

1-17 任意の実関数を $x(t)$ とする．$y(t) = x(t) - x(-t)$ であるとき，$y(t)$ は偶関数，奇関数，いずれでもない，のどれが正しいか．

1-18 $f(t)$ を偶関数とするとき，次の積分を証明せよ．
(1) $\int_{-\infty}^{\infty} f(t)\cos\omega t\, dt = 2\int_{0}^{\infty} f(t)\cos\omega t\, dt$ (2) $\int_{-\infty}^{\infty} f(t)\sin\omega t\, dt = 0$

第2章

フーリエ級数

2.1　三角関数によるフーリエ級数展開

　ベクトル空間で用いられる内積,直交の概念は,関数についても定義できる.3次元空間のベクトル $\boldsymbol{a}$, $\boldsymbol{b}$ の内積は $\boldsymbol{a}\cdot\boldsymbol{b} = a_x b_x + a_y b_y + a_z b_z$ と定義された.単位ベクトル $\boldsymbol{e}_1$, $\boldsymbol{e}_2$, $\boldsymbol{e}_3$ について,内積は $\boldsymbol{e}_1\cdot\boldsymbol{e}_2 = \boldsymbol{e}_2\cdot\boldsymbol{e}_3 = \boldsymbol{e}_2\cdot\boldsymbol{e}_1 = 0$ と直交している.3次元空間内の任意のベクトルは単位ベクトルを用いて,$\boldsymbol{r} = a_1\boldsymbol{e}_1 + a_2\boldsymbol{e}_2 + a_3\boldsymbol{e}_3$ のように表せるが,これと同様に直交関数列 $\{\cos n\omega_0 t,\ \sin n\omega_0 t\}$ も,任意の周期関数を表すことができる.

［定義 2.1（関数の内積）］

　関数列 $\{f_n(t)\}$ の各関数が区間 (a,b) において定義されているとき,その関数列の内積を

$$(f_m, f_n) = \int_a^b f_m(t) f_n^*(t) dt \tag{2.1}$$

と定義する（$f_n^*(t)$ は $f_n(t)$ の複素共役を表す）.

　また,内積に対して次の条件

$$(f_m, f_n) = c\delta_{mn} \qquad (c：定数) \tag{2.2}$$

が成り立つとき,$\{f_n(t)\}$ を直交関数列という. m, n は整数.

【注】δ_{mn}はクロネッカーのデルタと呼ばれ，次式で定義される．

$$\delta_{mn} = \begin{cases} 0 & (m \neq n) \\ 1 & (m = n) \end{cases}$$

【三角関数の内積】

関数列 $\{\cos(n\omega_0 t), \sin(n\omega_0 t)\}$ ($n=$整数) に対して，内積を次のように定義する．

$$(\cos(m\omega_0 t), \cos(n\omega_0 t)) = \frac{2}{T}\int_{-T/2}^{T/2} \cos(m\omega_0 t)\cos(n\omega_0 t)dt$$

$$(\sin(m\omega_0 t), \sin(n\omega_0 t)) = \frac{2}{T}\int_{-T/2}^{T/2} \sin(m\omega_0 t)\sin(n\omega_0 t)dt$$

$$(\sin(m\omega_0 t), \cos(n\omega_0 t)) = \frac{2}{T}\int_{-T/2}^{T/2} \sin(m\omega_0 t)\cos(n\omega_0 t)dt$$

ただし，$\omega_0 = 2\pi/T$

このとき，$\{1, \cos\omega_0 t, \cos 2\omega_0 t, \cdots, \cos(n\omega_0 t), \cdots, \sin\omega_0 t, \sin 2\omega_0 t, \cdots, \sin(n\omega_0 t), \cdots\}$
は直交関数列である．なぜなら

$$\frac{2}{T}\int_{-T/2}^{T/2} \cos(m\omega_0 t)dt = 0 \qquad (m \neq 0)$$

$$\frac{2}{T}\int_{-T/2}^{T/2} \sin(m\omega_0 t)dt = 0$$

$$\frac{2}{T}\int_{-T/2}^{T/2} \cos(m\omega_0 t)\cos(n\omega_0 t)dt = \begin{cases} 0 & (m \neq n) \\ 1 & (m = n \neq 0) \end{cases}$$

$$\frac{2}{T}\int_{-T/2}^{T/2} \sin(m\omega_0 t)\sin(n\omega_0 t)dt = \begin{cases} 0 & (m \neq n) \\ 1 & (m = n \neq 0) \end{cases} \tag{2.3}$$

$$\frac{2}{T}\int_{-T/2}^{T/2} \sin(m\omega_0 t)\cos(n\omega_0 t)dt = 0$$

[定理2.1（三角関数のフーリエ級数展開）]

$f(t)$が周期Tの周期関数のとき

$$f(t) = \frac{1}{2}a_0 + \sum_{n=1}^{\infty}\{a_n \cos(n\omega_0 t) + b_n \sin(n\omega_0 t)\} \tag{2.4}$$

と表すことができる．　ただし，$\omega_0 = 2\pi/T$

また，各係数 a_n, b_n は次のように求められる．

$$a_n = \frac{2}{T}\int_{-T/2}^{T/2} f(t)\cos(n\omega_0 t)dt \qquad n = 0, 1, 2, \cdots$$
$$b_n = \frac{2}{T}\int_{-T/2}^{T/2} f(t)\sin(n\omega_0 t)dt \qquad n = 1, 2, \cdots \qquad (2.5)$$

すなわち，任意の周期関数は角周波数 ω_0 の基本波と $n\omega_0$ の高調波の重ね合わせによって表すことができる．

例題2-1 次の式を証明せよ．ただし，m, n は 0 でない整数とする．

(1) $\displaystyle\frac{2}{T}\int_{-T/2}^{T/2}\cos(m\omega_0 t)\cos(n\omega_0 t)dt = \begin{cases} 0 & (m \neq n) \\ 1 & (m = n) \end{cases}$

(2) $\displaystyle\frac{2}{T}\int_{-T/2}^{T/2}\sin(m\omega_0 t)\cos(n\omega_0 t)dt = 0$

［解］

(1) $m \neq n$ のとき

$$\int_{-T/2}^{T/2}\cos(m\omega_0 t)\cos(n\omega_0 t)dt = \frac{1}{2}\int_{-T/2}^{T/2}\{\cos[(m+n)\omega_0 t] + \cos[(m-n)\omega_0 t]\}dt$$
$$= \frac{1}{2(m+n)\omega_0}\left[\sin\{(m+n)\omega_0 t\}\right]_{-\frac{T}{2}}^{\frac{T}{2}} + \frac{1}{2(m-n)\omega_0}\left[\sin\{(m-n)\omega_0 t\}\right]_{-\frac{T}{2}}^{\frac{T}{2}} = 0$$

$m = n$ のとき

$$\int_{-T/2}^{T/2}\cos(m\omega_0 t)\cos(m\omega_0 t)dt = \frac{1}{2}\int_{-T/2}^{T/2}(1 + \cos 2m\omega_0 t)dt$$
$$= \frac{1}{2}\left[t\right]_{-\frac{T}{2}}^{\frac{T}{2}} + \frac{1}{4m\omega_0}\left[\sin 2m\omega_0 t\right]_{-\frac{T}{2}}^{\frac{T}{2}} = \frac{T}{2}$$

(2) $m \neq n$ のとき

$$\int_{-T/2}^{T/2}\sin(m\omega_0 t)\cos(n\omega_0 t)dt = \frac{1}{2}\int_{-T/2}^{T/2}\{\sin[(m+n)\omega_0 t] + \sin[(m-n)\omega_0 t]\}dt$$
$$= \frac{-1}{2(m+n)\omega_0}\left[\cos\{(m+n)\omega_0 t\}\right]_{-\frac{T}{2}}^{\frac{T}{2}} - \frac{1}{2(m-n)\omega_0}\left[\cos\{(m-n)\omega_0 t\}\right]_{-\frac{T}{2}}^{\frac{T}{2}} = 0$$

$m = n$ のとき

$$\int_{-T/2}^{T/2} \sin(m\omega_0 t)\cos(m\omega_0 t)dt = \frac{1}{2}\int_{-T/2}^{T/2}\sin(2m\omega_0 t)dt = \frac{-1}{4m\omega_0}\left[\cos 2m\omega_0 t\right]_{-\frac{T}{2}}^{\frac{T}{2}} = 0$$

定理 1.4 から導かれる次の定理を利用すると，フーリエ係数を計算するときに便利である．

[定理 2.2]
　$f(t)$ を実の周期関数とする。このとき
　　$f(t)$ が偶関数なら $b_n = 0$, 　　$f(t)$ が奇関数なら $a_n = 0$

例題 2-2　フーリエ級数展開の係数 a_n，b_n が式（2.5）のように求められることを示せ．

[解]
　$f(t)$ と $\cos(n\omega_0 t)$ の内積を考えると

$$\left(f(t), \cos(n\omega_0 t)\right) = \frac{2}{T}\int_{-T/2}^{T/2} f(t)\cos(n\omega_0 t)dt$$

$$= \frac{2}{T}\int_{-T/2}^{T/2}\left[\frac{a_0}{2} + a_1\cos\omega_0 t + a_2\cos 2\omega_0 t + \cdots + b_1\sin\omega_0 t + b_2\sin 2\omega_0 t + \cdots\right]$$

$$\times \cos(n\omega_0 t)dt = \frac{2}{T}\int_{-T/2}^{T/2} a_n \cos(n\omega_0 t)\cos(n\omega_0 t)dt = a_n$$

b_n も同様．

例題 2-3　次の周期関数 $f(t)$ を三角フーリエ級数展開せよ．

$$f(t) = \begin{cases} -1 & \left(-\dfrac{T}{2} < t < 0\right) \\ 1 & \left(0 < t < \dfrac{T}{2}\right) \end{cases} \quad \text{ただし，} f(t) = f(t+T)$$

[解]
　$f(t)$ は奇関数なので，
　$a_n = 0$

$$b_n = \frac{2}{T}\int_{-T/2}^{T/2} f(t)\sin(n\omega_0 t)dt = \frac{4}{T}\int_0^{T/2} f(t)\sin(n\omega_0 t)dt = \frac{4}{T}\int_0^{T/2}\sin(n\omega_0 t)dt$$

$$= \frac{-4}{n\omega_0 T}\left[\cos(n\omega_0 t)\right]_0^{\frac{T}{2}} = \frac{2}{n\pi}(1-\cos n\pi)$$

$\cos n\pi = (-1)^n$ であるから

$$b_n = \begin{cases} 0 & (n:偶数) \\ \dfrac{4}{n\pi} & (n:奇数) \end{cases}$$

したがって，

$$f(t) = \sum_{n=1}^{\infty} b_n \sin n\omega_0 t = \frac{4}{\pi}\left(\sin\omega_0 t + \frac{1}{3}\sin 3\omega_0 t + \frac{1}{5}\sin 5\omega_0 t + \cdots\right)$$

図 2.1 にこの級数展開の様子を示す．

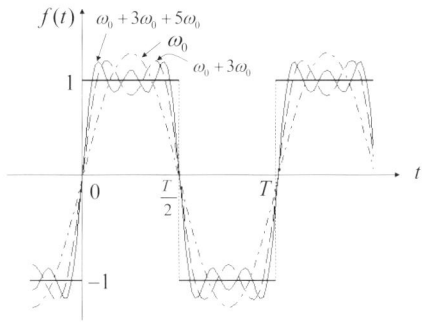

図 2.1 例題 2-3 の級数展開

2.2 複素フーリエ級数展開

複素正弦波からなる関数列 $\{e^{jn\omega_0 t}\}$ （n：整数），すなわち，$\{\cdots e^{-j3\omega_0 t},$ $e^{-j2\omega_0 t},\ e^{-j\omega_0 t},\ 1,\ e^{j\omega_0 t},\ e^{j2\omega_0 t},\ e^{j3\omega_0 t}\cdots\}$ に対して内積を次のように定義すると，この関数列は直交している．

$$\left(e^{jm\omega_0 t}, e^{jn\omega_0 t}\right) = \frac{1}{T}\int_{-T/2}^{T/2} e^{jm\omega_0 t}\cdot\left(e^{jn\omega_0 t}\right)^* dt = \delta_{mn} \qquad (n：整数) \qquad (2.6)$$

このことから，三角関数のフーリエ級数展開と同様に次の定理が導かれる．

[定理 2.3（複素フーリエ級数展開）]

$f(t)$ が周期 T の周期関数のとき

$$f(t) = \sum_{n=-\infty}^{\infty} c_n e^{jn\omega_0 t} \qquad (n=整数) \tag{2.7}$$

と表せる．ただし $\omega_0 = 2\pi/T$．また，c_n は次のように決定される．

$$c_n = \frac{1}{T} \int_{-T/2}^{T/2} f(t) e^{-jn\omega_0 t} dt \tag{2.8}$$

【実フーリエ級数と複素フーリエ級数の関係】

$$\begin{aligned}
f(t) &= \frac{a_0}{2} + \sum_{n=1}^{\infty} \{ a_n \cos(n\omega_0 t) + b_n \sin(n\omega_0 t) \} \\
&= \frac{a_0}{2} + \sum_{n=1}^{\infty} \left\{ \frac{a_n}{2} \left(e^{jn\omega_0 t} + e^{-jn\omega_0 t} \right) + \frac{b_n}{2j} \left(e^{jn\omega_0 t} - e^{-jn\omega_0 t} \right) \right\} \\
&= \frac{a_0}{2} + \sum_{n=1}^{\infty} \left\{ \frac{(a_n - jb_n)}{2} e^{jn\omega_0 t} + \frac{(a_n + jb_n)}{2} e^{-jn\omega_0 t} \right\}
\end{aligned} \tag{2.9}$$

一方，

$$f(t) = \sum_{n=-\infty}^{\infty} c_n e^{jn\omega_0 t} = c_0 + \sum_{n=1}^{\infty} \left(c_n e^{jn\omega_0 t} + c_{-n} e^{-jn\omega_0 t} \right) \tag{2.10}$$

式 (2.9) と式 (2.10) を比較して

$$c_0 = \frac{a_0}{2}, \quad c_n = \frac{a_n - jb_n}{2}, \quad c_{-n} = \frac{a_n + jb_n}{2} \tag{2.11}$$

級数は収束するから，$n \to \infty$ のとき，$a_n \to 0$，$b_n \to 0$，$|c_n| \to 0$

例題 2-4 次の式を証明せよ．ただし，n, m は整数とする．

$$\frac{1}{T} \int_{-T/2}^{T/2} e^{jn\omega_0 t} \left(e^{jm\omega_0 t} \right)^* dt = \delta_{nm}$$

[解]

$$\frac{1}{T}\int_{-T/2}^{T/2} e^{j(m-n)\omega_0 t}dt = \frac{1}{T}\left[\int_{-T/2}^{T/2}\cos\{(m-n)\omega_0 t\}dt + j\int_{-T/2}^{T/2}\sin\{(m-n)\omega_0 t\}dt\right]$$
$$= \begin{cases} 0 & (m \neq n) \\ 1 & (m = n) \end{cases}$$

例題 2-5 複素フーリエ級数展開の係数 c_n が式 (2.8) のように求められることを示せ．

[解]

$$\left(f(t), e^{jn\omega_0 t}\right) = \frac{1}{T}\int_{-T/2}^{T/2} f(t)e^{-jn\omega_0 t}dt = \frac{1}{T}\int_{-T/2}^{T/2}\left(\sum_m c_m e^{jm\omega_0 t}\right)e^{-jn\omega_0 t}dt$$
$$= \sum_m c_m\left[\frac{1}{T}\int_{-T/2}^{T/2} e^{jm\omega_0 t}e^{-jn\omega_0 t}dt\right] = \sum_m c_m \delta_{mn} = c_n$$

例題 2-6 次の周期関数の複素フーリエ級数を求めよ．

$$f(t) = \begin{cases} 1 & (-\pi/2 < t < \pi/2) \\ 0 & (\pi/2 < t < 3\pi/2) \end{cases} \quad \text{ただし，} \quad f(t) = f(t + 2\pi)$$

[解]

$T = 2\pi, \quad \omega_0 = 1$

$$c_0 = \frac{1}{2\pi}\int_{-\pi/2}^{3\pi/2} f(t)dt = \frac{1}{2\pi}\int_{-\pi/2}^{\pi/2} dt = \frac{1}{2}$$

$$c_n = \frac{1}{2\pi}\int_{-\pi/2}^{3\pi/2} f(t)e^{-jnt}dt = \frac{1}{2\pi}\int_{-\pi/2}^{\pi/2} e^{-jnt}dt = -\frac{e^{-jnt}}{j2\pi n}\bigg]_{-\pi/2}^{\pi/2} = \frac{1}{n\pi}\sin(n\pi/2)$$
$$= \begin{cases} (-1)^m \dfrac{1}{(2m+1)\pi} & (n = 2m+1) \\ 0 & (n = 2m) \end{cases}$$

したがって， $f(t) = \dfrac{1}{2} + \dfrac{1}{\pi}\left(\ldots + \dfrac{1}{5}e^{-j5t} - \dfrac{1}{3}e^{-j3t} + e^{-jt} + e^{jt} - \dfrac{1}{3}e^{j3t} + \dfrac{1}{5}e^{j5t} - \ldots\right)$

─────────────── 演習問題 2 ───────────────

2-1 次の周期関数 $f(t)$ をグラフに描き，三角フーリエ級数展開せよ．
$$f(t) = \frac{t}{T} \quad (0 < t < T) \qquad \text{ただし，} \quad f(t) = f(t+T)$$

2-2 図 2.2 に示す波形を持つ周期関数の三角フーリエ級数を求めよ．

2-3 図 2.3 に示す波形を持つ周期関数の三角フーリエ級数を求めよ．

2-4 前問の結果を用いて，図 2.4 に示す波形を持つ周期関数の三角フーリエ級数を求めよ．

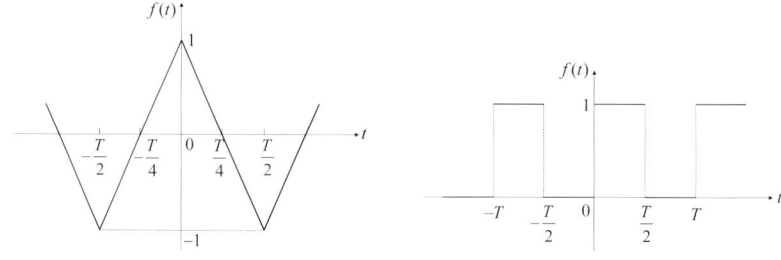

図 2.2 問題 2-2 の関数 　　　　**図 2.3** 問題 2-3 の関数

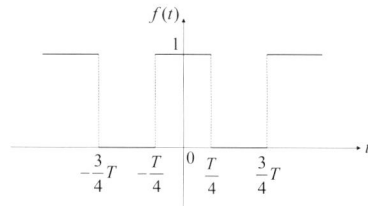

図 2.4 問題 2-4 の関数

2-5 次の周期関数 $f(t)$ を三角フーリエ級数展開せよ．
$$f(t) = t^2 \quad (-\pi \leq t < \pi) \qquad \text{ただし，} \quad f(t) = f(t+2\pi)$$

2-6 実の周期関数 $f(t)$ の複素フーリエ級数の係数 c_n に対して，$c_{-n} = c_n^*$ の関係が成り立っていることを示せ．

2-7 実の周期関数 $f(t)$ を複素フーリエ級数展開したときのフーリエ係数を $c_n\,(n = 0, \pm 1, \pm 2, \cdots)$ とする．このとき，$c_5 = 1 + j3$ であった．c_{-5} を示せ．

2-8 複素フーリエ級数の係数 c_n を，$c_n = |c_n| e^{j\phi_n}$ と表したとき，三角フーリエ級数の係数 a_n, b_n と次の式で関係づけられることを示せ．

$$|c_n| = \frac{1}{2}\sqrt{a_n^2 + b_n^2}, \qquad \phi_n = \tan^{-1}\left(-\frac{b_n}{a_n}\right) \quad (n \neq 0)$$

2-9 実の周期関数 $f(t)$ は，次のように展開できることを示せ．
$$f(t) = c_0 + 2\sum_{n=1}^{\infty} |c_n| \cos(n\omega_0 t + \phi_n)$$

2-10 次のことを証明せよ．

(1) 偶の実周期関数の複素フーリエ係数は実数となる．

(2) 奇の実周期関数の複素フーリエ係数は純虚数となる．

2-11 次の周期関数 $f(t)$ を複素フーリエ級数展開せよ．
$$f(t) = \frac{t}{T} \quad (0 < t < T) \qquad \text{ただし，} f(t) = f(t+T)$$

2-12 関数 $f(t) = |\sin\omega_0 t|$ を複素フーリエ級数展開せよ．

2-13 次の関数の三角フーリエ級数展開と複素フーリエ級数展開を求めよ．

(1) $\sin^2\omega_0 t$ (2) $\cos^3\omega_0 t$ (3) $\sin^3\omega_0 t$

第3章

フーリエ変換

3.1 フーリエ積分

周期関数に対してはフーリエ級数の形で展開されたが,一般の非周期関数に対してはフーリエ積分の形で展開できる.

[定義 3.1（フーリエ変換の定義）]
関数 $f(t)$ に対して,$f(t)$ のフーリエ変換 $F(\omega)$ を次のように定義する.

$$F(\omega) = \int_{-\infty}^{\infty} f(t) e^{-j\omega t} dt \tag{3.1}$$

フーリエ変換 $F(\omega)$ が存在する条件は

$$\int_{-\infty}^{\infty} |f(t)| dt < +\infty \quad \text{（絶対積分可能）} \tag{3.2}$$

$F(\omega)$ から $f(t)$ への変換は逆フーリエ変換と呼ばれ,次の式で表される.

$$f(t) = \frac{1}{2\pi} \int_{-\infty}^{\infty} F(\omega) e^{j\omega t} d\omega \tag{3.3}$$

【注】フーリエ積分は複素フーリエ級数の拡張として,次のように考えることができる.

連続関数列 $\{e^{j\omega t}\}$ に対して,内積を $(e^{j\omega t}, e^{j\omega' t}) = \frac{1}{2\pi} \int_{-\infty}^{\infty} e^{j\omega t} (e^{j\omega' t})^{*} dt$ と定義すると,$(e^{j\omega t}, e^{j\omega' t}) = \delta(\omega - \omega')$ となる（第4章参照）.したがって,$\{e^{j\omega t}\}$ は直交

関数列となり，任意の関数 $f(t)$ を $f(t) = \dfrac{1}{2\pi}\displaystyle\int_{-\infty}^{\infty} F(\omega)e^{j\omega t}d\omega$ と展開できる．またこれより，直交性から式(3.1)が得られる．

【フーリエ変換の表現の仕方】

$$f(t) \xrightarrow{\mathcal{F}} F(\omega) \qquad \mathcal{F}\bigl[f(t)\bigr] = F(\omega)$$

$$F(\omega) \xrightarrow{\mathcal{F}^{-1}} f(t) \qquad \mathcal{F}^{-1}\bigl[F(\omega)\bigr] = f(t)$$

$$f(t) \longleftrightarrow F(\omega)$$

$F(\omega)$ は一般に複素数なので次のように書ける．

$$F(\omega) = R(\omega) + jX(\omega) = |F(\omega)|e^{j\phi(\omega)} \tag{3.4}$$

$|F(\omega)|$ は絶対値スペクトル，$\phi(\omega)$ は位相スペクトルと呼ばれる（図3.1）．

$$|F(\omega)| = \sqrt{R^2(\omega) + X^2(\omega)}, \qquad \phi(\omega) = \tan^{-1}\left[\dfrac{X(\omega)}{R(\omega)}\right] \tag{3.5}$$

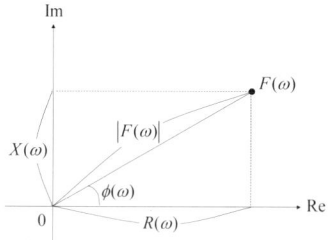

図3.1　絶対値スペクトルと位相スペクトル

［定理3.1］
　$f(t)$ が実関数のとき，フーリエ変換 $F(\omega)$ に対して次の性質が成り立つ．

(1) $F(-\omega) = F^*(\omega)$

(2) $R(\omega)$ は偶関数, $X(\omega)$ は奇関数

(3) $|F(\omega)|$ は偶関数, $\phi(\omega)$ は奇関数　　（図 3.2）

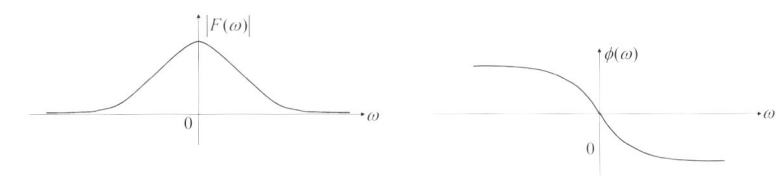

図 3.2　スペクトルの対称性

例題 3-1　定理 3.1 を証明せよ.

［解］
(1) $f(t)$ が実関数であるから,

$$F(-\omega) = \int_{-\infty}^{\infty} f(t)e^{+j\omega t}dt = \int_{-\infty}^{\infty} f^*(t)\left(e^{-j\omega t}\right)^* dt = \left[\int_{-\infty}^{\infty} f(t)e^{-j\omega t}dt\right]^* = F^*(\omega)$$

(2) $F(-\omega) = R(-\omega) + jX(-\omega)$　　　$F^*(\omega) = R(\omega) - jX(\omega)$

この両式が等しいから, $R(-\omega) = R(\omega)$　　$X(-\omega) = -X(\omega)$

(3) $F(-\omega) = |F(-\omega)|e^{j\phi(-\omega)}$　　　$F^*(\omega) = |F(\omega)|e^{-j\phi(\omega)}$

この両式が等しいから, $|F(-\omega)| = |F(\omega)|$　　$\phi(-\omega) = -\phi(\omega)$

　フーリエ変換を計算するとき, 次の公式を利用すると計算が簡単になる.

［定理 3.2］

(1) $f(t)$ が実の偶関数のとき, $F(\omega) = 2\int_0^{\infty} f(t)\cos\omega t\, dt$

(2) $f(t)$ が実の奇関数のとき, $F(\omega) = j2\int_0^\infty f(t)\sin\omega t dt$

【フーリエ変換の具体例】
［例 1］
$$f(t) = \begin{cases} e^{-\alpha t} & (t > 0) \\ 0 & (t < 0) \end{cases} \quad (\alpha > 0) \quad \xrightarrow{\mathcal{F}} \quad F(\omega) = \frac{1}{\alpha + j\omega} \tag{3.6}$$

図 3.3 に例 1 のグラフを示す.

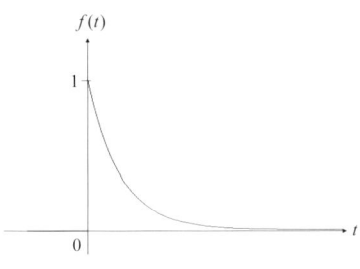

図 3.3　例 1 のグラフ

［例 2］矩形関数

$$\text{rect}(t) = \begin{cases} 1 & (|t| < 1/2) \\ 0 & (|t| > 1/2) \end{cases} \quad \xrightarrow{\mathcal{F}} \quad F(\omega) = \frac{\sin(\omega/2)}{(\omega/2)} = \text{sinc}\left(\frac{\omega}{2}\right) \tag{3.7}$$

（注）$\text{rect}(t)$ は矩形関数と呼ばれる.

（注）sinc 関数は次のように定義される. $\quad \text{sinc}\, x = \frac{\sin x}{x}$

図 3.4 に矩形関数と sinc 関数のグラフを示す.

［例 3］ガウス型関数

$$e^{-\alpha t^2} \xrightarrow{\mathcal{F}} \sqrt{\frac{\pi}{a}} \exp\left[-\frac{\omega^2}{4a}\right] \tag{3.8}$$

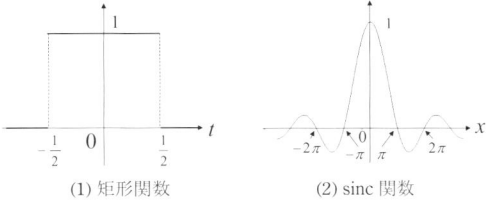

図 3.4 矩形関数と sinc 関数

図 3.5 にガウス型関数のグラフを示す．FWHM は半値幅を示す．

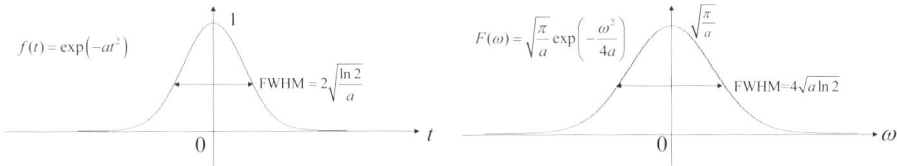

図 3.5 例 3 のグラフ

例題 3-2　［例 1］のフーリエ変換を計算せよ．
［解］

$$F(\omega) = \int_0^\infty e^{-\alpha t} e^{-j\omega t} dt = \left[-\frac{e^{-(\alpha+j\omega)t}}{\alpha + j\omega} \right]_0^\infty = \frac{1}{\alpha + j\omega}$$

例題 3-3　［例 2］のフーリエ変換を計算し，その結果をグラフに描け．
［解］

$$F(\omega) = \int_{-\infty}^\infty \mathrm{rect}(t) e^{-j\omega t} dt = \int_{-1/2}^{1/2} e^{-j\omega t} dt = \left[\frac{e^{-j\omega t}}{-j\omega} \right]_{-1/2}^{1/2} = \frac{\sin(\omega/2)}{(\omega/2)} = \mathrm{sinc}\left(\frac{\omega}{2} \right)$$

図 3.6 に $\mathrm{sinc}(\omega/2)$ のグラフを示す．

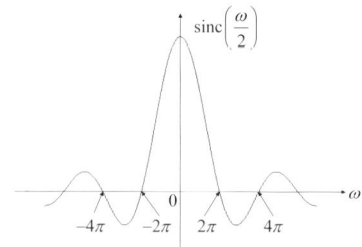

図 3.6　例題 3-3 のグラフ

3.2　フーリエ変換の性質

フーリエ変換には次のようないくつかの重要な性質がある．

[定理 3.3]

$\mathcal{F}[f(t)] = F(\omega)$ とするとき，次の性質が成り立つ．

(1) 線形性

$$\mathcal{F}[c_1 f_1(t) + c_2 f_2(t)] = c_1 F_1(\omega) + c_2 F_2(\omega) \tag{3.9}$$

フーリエ変換には重ね合わせの原理が成り立つ．

(2) 対称性

$$\mathcal{F}[F(t)] = 2\pi f(-\omega) \tag{3.10}$$

フーリエ変換を 2 回行うと，元の関数形に戻る．

(3) 時間軸の伸縮

$$\mathcal{F}[f(at)] = \frac{1}{|a|} F\left(\frac{\omega}{a}\right) \tag{3.11}$$

短いパルスほど帯域が広い，すなわち高速の信号ほど帯域が広くなる（図 3.7）．

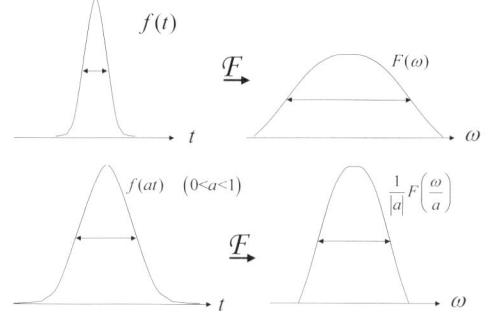

図 3.7　時間軸の伸縮

(4) 時間軸の移動

$$\mathcal{F}\left[f(t-t_0)\right] = F(\omega)e^{-jt_0\omega} \tag{3.12}$$

干渉計測やフィルタ構成の原理となっている．

(5) 周波数軸の移動

$$\mathcal{F}\left[f(t)e^{j\omega_0 t}\right] = F(\omega-\omega_0) \tag{3.13}$$

変調の原理として，通信工学の基礎となっている（図 3.8）．

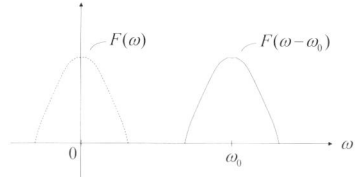

図 3.8　周波数軸の移動

(6) 微分のフーリエ変換

$$\mathcal{F}\left[f'(t)\right] = j\omega F(\omega) \tag{3.14}$$

(7) 積分のフーリエ変換

$$\mathcal{F}\left[\int_{-\infty}^{t} f(x)dx\right] = \frac{1}{j\omega}F(\omega) + \pi F(0)\delta(\omega) \tag{3.15}$$

例題 3-4 $f(t)$ のフーリエ変換が $F(\omega)$ のとき，次のフーリエ変換を求めよ．
(1) $f(t-1)+f(t+1)$　　(2) $f(t)\cos\omega_0 t$　　(3) $f(t)\sin\omega_0 t$

［解］

(1) 定理 3.3(4) を用いて，

$$\mathcal{F}\left[f(t-1)+f(t+1)\right]=F(\omega)e^{-j\omega}+F(\omega)e^{j\omega}=2F(\omega)\cos\omega$$

(2) 定理 3.3(5) を用いて，

$$\mathcal{F}\left[f(t)\cos\omega_0 t\right]=\mathcal{F}\left[f(t)\frac{\left(e^{j\omega_0 t}+e^{-j\omega_0 t}\right)}{2}\right]=\frac{1}{2}\left\{\mathcal{F}\left[f(t)e^{j\omega_0 t}\right]+\mathcal{F}\left[f(t)e^{-j\omega_0 t}\right]\right\}$$
$$=\frac{1}{2}\left[F(\omega-\omega_0)+F(\omega+\omega_0)\right] \tag{3.16}$$

(3) 同様に，

$$\mathcal{F}\left[f(t)\sin\omega_0 t\right]=\frac{1}{2j}\left\{\mathcal{F}\left[f(t)e^{j\omega_0 t}\right]-\mathcal{F}\left[f(t)e^{-j\omega_0 t}\right]\right\}$$
$$=\frac{1}{2j}\left[F(\omega-\omega_0)-F(\omega+\omega_0)\right] \tag{3.17}$$

例題 3-5 $f(t)$ のフーリエ変換が $F(\omega)$ のとき，次のフーリエ変換を求めよ．
(1) $f\left(\dfrac{t-t_0}{a}\right)$　　(2) $f(at)e^{j\omega_0 t}$

［解］

(1) $$\mathcal{F}\left[f\left(\frac{t-t_0}{a}\right)\right]=|a|F(a\omega)e^{-jt_0\omega} \tag{3.18}$$

(2) $$\mathcal{F}\left[f(at)e^{j\omega_0 t}\right]=\frac{1}{|a|}F\left(\frac{\omega-\omega_0}{a}\right) \tag{3.19}$$

例題 3-6 $f(t)=\mathrm{rect}(t/d)$ について，次の問いに答えよ．
(1) $f(t)$ のグラフを描き，そのフーリエ変換 $F(\omega)$ を求めよ．
(2) フーリエ変換 $F(\omega)$ の帯域幅を求めよ．
(3) $f(t)$ のパルス幅と $F(\omega)$ の帯域幅の積を求め，一定となることを示せ．

［解］

(1) $F(\omega) = d\dfrac{\sin(d\omega/2)}{(d\omega/2)}$. 図 3.9 に $f(t)$ と $F(\omega)$ のグラフを示す.

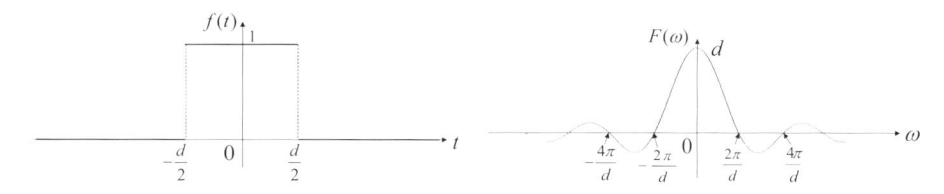

図 3.9 例題 3-6 のグラフ

(2) $\omega = \pm\dfrac{2\pi}{d}$ で 0 となるので，これを幅とすると帯域幅は $\Delta\omega = \dfrac{4\pi}{d}$

(3) $f(t)$ のパルス幅は $\Delta t = d$ だから，$\Delta t \cdot \Delta\omega = d \times \dfrac{4\pi}{d} = 4\pi$

パルス幅との帯域幅の積が一定になることは，フーリエ変換における不確定性原理を示している．

例題 3-7 関数 $f(t) = \text{rect}(t/d)\cos\omega_0 t$ (d：定数) に対して，次の問いに答えよ．
(1) 関数 $f(t)$ のグラフを描け．
(2) 関数 $f(t)$ のフーリエ変換 $F(\omega)$ を求め，グラフに描け．（ただし，$d \gg 2\pi/\omega_0$）．

［解］
(1) 関数 $f(t)$ のグラフを図 3.10 (1) に示す．

(2) $F(\omega) = \dfrac{d}{2}\left[\dfrac{\sin\{d(\omega-\omega_0)/2\}}{d(\omega-\omega_0)/2} + \dfrac{\sin\{d(\omega+\omega_0)/2\}}{d(\omega+\omega_0)/2}\right]$

$F(\omega)$ のグラフを図 3.10 (2) に示す．

【注】上記の $f(t)$ を周波数 ω_0 の三角波を d の時間観測した結果を表すと考えると，観測時間 d が長いほど観測されるスペクトルの幅は狭くなり，観測される周波数の精度が向上することがわかる．

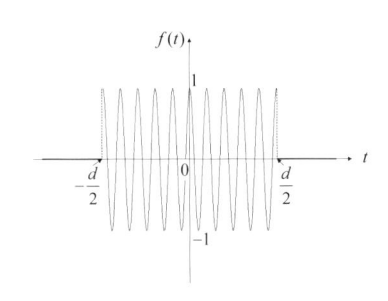

図 3.10(1) 例題 3-7 のグラフ

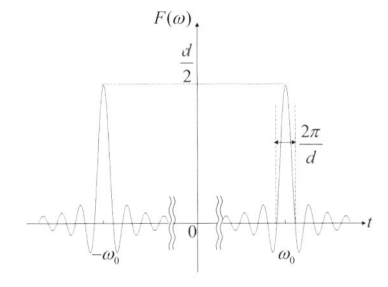

図 3.10(2) 例題 3-7 のグラフ

演習問題 3

3-1 次のフーリエスペクトル $F(\omega)$ の絶対値スペクトルと位相スペクトルを求めよ．
(1) $F(\omega) = \dfrac{1}{1+j\omega}$ (2) $F(\omega) = \alpha + j\omega$ (3) $F(\omega) = \cos a\omega + j\sin a\omega$
(4) $F(\omega) = \omega + j\omega$

3-2 定理 3.2 を証明せよ．

3-3 (1) 定理 3.3(2) を証明せよ．
(2) 定理 3.3(3) を証明せよ．

3-4 (1) 定理 3.3(4) を証明せよ．
(2) 定理 3.3(5) を証明せよ．

3-5 次の関数のフーリエ変換を求めよ．（ヒント：定理 3.3 を利用する）
$$f(t) = \begin{cases} 0 & (t>0) \\ e^{\alpha t} & (t<0) \end{cases} \quad (\alpha > 0)$$

3-6 関数 $f(t) = \exp(-\alpha|t|)$ $(\alpha > 0)$ について，次の問に答えよ．
(1) 関数 $f(t)$ のグラフを描き，そのフーリエ変換 $F(\omega)$ を求めよ．
(2) $f(t)$ と $F(\omega)$ の半値幅の積を求めよ．

3-7 関数 $f(t) = \begin{cases} 1-|t| & (|t|<1) \\ 0 & (|t|>1) \end{cases}$ のグラフを描き，そのフーリエ変換を求めよ．

3-8 $f(t)$ のフーリエ変換が $F(\omega)$ のとき，次のフーリエ変換を求めよ．（ヒント：フーリエ変換の性質を使う．直接計算する必要はない）
(1) $f(t/2)$ (2) $f(-t)$ (3) $f(t-1)$ (4) $f(t)e^{j2\omega_0 t}$

3-9 関数 $f(t)$ を次のように定義したとき，(1)～(4)の式のフーリエ変換を求めよ．（ヒント：前問と同様だが，$f(t)$ が具体的になっているので）

$$f(t) = \begin{cases} e^{-t} & (t>0) \\ 0 & (t<0) \end{cases} \quad (1)\ f(t-2) \quad (2)\ f(t/2) \quad (3)\ f(t)e^{jt} \quad (4)\ f(t)\cos t$$

3-10 次の関数 $F(\omega)$ の逆フーリエ変換を求めよ．（ヒント：直接計算する必要はない）

(1) $\dfrac{1}{2+j\omega}$ (2) $\dfrac{1}{1+j(\omega-2)}$ (3) $\sqrt{\pi}\exp\left(-\dfrac{\omega^2}{4}\right)e^{-j2\omega}$ (4) $\sqrt{\pi}\exp\left[-\dfrac{(\omega+1)^2}{4}\right]$

3-11 $f(t)=\dfrac{2\sin(t/2)}{t}$ のフーリエ変換を求めよ．（ヒント：矩形関数のフーリエ変換を思い出す）

3-12 $f(t)=\dfrac{1}{a^2+t^2}$ のフーリエ変換を求めよ．（ヒント：問 3-6 の結果を利用する）

3-13 $f(t)$ のフーリエ変換を $F(\omega)$ とするとき， $-jtf(t)$ のフーリエ変換を求めよ．

3-14 $I=\int_{-\infty}^{\infty}e^{-at^2}dt=\sqrt{\dfrac{\pi}{a}}$ となることを証明せよ．

3-15 (1) 前問の結果を用いて［例 3］のガウス型関数のフーリエ変換を計算せよ．

(2) ［例 3］の結果を用いて，正規分布関数 $\dfrac{1}{\sqrt{2\pi}}\exp\left(-\dfrac{t^2}{2}\right)$ のフーリエ変換を求めよ．

(3) ガウス型関数に対して， $f(t)$ と $F(\omega)$ の半値幅の積を求めよ．

3-16 $f(t)$ を実関数とするとき， $g(t)=f(t)+\{f(t-a)+f(t+a)\}/2$ のフーリエ変換 $G(\omega)$ を求めよ．またそれが， $F(\omega)$ がどのように変化したものになるか，定性的に述べよ．

3-17 $f(t)$ のフーリエ変換が $F(\omega)$ のとき，次の逆フーリエ変換を求めよ．

(1) $F(3\omega)$ (2) $F(\omega)e^{-j3\omega}$ (3) $F(\omega)\cos 3\omega$ (4) $F(\omega-1)$

(5) $F(\omega-1)+F(\omega+1)$

3-18 実関数 $f(t)$ について， $\mathcal{F}[f(t)]=F(\omega)=R(\omega)+jX(\omega)$ とする（ $R(\omega),X(\omega)$ は実関数）．このとき (1) $f(-t)$ ，(2) $f(t)+f(-t)$ ，(3) $f(t)-f(-t)$ ，(4) $f(t)+jf(t)$ ，のフーリエ変換を R,X を用いて示せ．

3-19 $f(t),g(t)$ をそれぞれ実関数とし，それらのフーリエ変換が $F(\omega)=F_R(\omega)+jF_I(\omega)$ ， $G(\omega)=G_R(\omega)+jG_I(\omega)$ で与えられるとする．ここで， F_R,F_I,G_R,G_I はすべて実関数である．このとき $x(t)=f(t)+jg(t)$ を定義し， $x(t)$ のフーリエ変換を $X(\omega)=X_R(\omega)+jX_I(\omega)$ とする．ここに X_R,X_I もそれぞれ実関数である．このとき， $F(\omega)$ と $G(\omega)$ を X_R,X_I を用いて表せ．

第 4 章

特殊関数

4.1 デルタ関数

デルタ関数は次のような関数である．

$$\delta(t) = \begin{cases} \infty & (t=0) \\ 0 & (t \neq 0) \end{cases} \tag{4.1}$$

デルタ（δ）関数（単位インパルス関数）は，エネルギーが集中した状態を表現するのに便利な関数である．例えば，理想的な概念としての点電荷，質点，点光源などがδ関数によって表現できる．

直感的には図 4.1 のような面積が 1 の長方形 $\delta_a(t)$ を考える．

$$\delta_a(t) = \begin{cases} \dfrac{1}{2a} & (|t| < a) \\ 0 & (|t| > a) \end{cases} \tag{4.2}$$

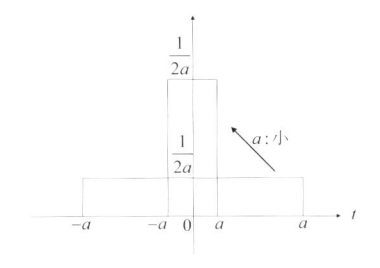

図 4.1 デルタ関数の概念

この関数の $a \to 0$ の極限が、δ 関数と考えてもよい.

このようにある区間ではっきりした値を定めにくい関数は超関数と呼ばれ、一般的な関数のようには扱いにくい. そこで次のような積分式によって定義する.

［定義 4.1（δ 関数の定義）］

$$\int_{-\infty}^{\infty} f(t)\delta(t)dt = f(0) \tag{4.3}$$

ただし、$f(t)$ は連続関数で、$t \to \pm\infty$ では $|f(t)| \to 0$ となるような任意の関数とする.

一般に $\delta(t)$ は単独で使われることは少なく、上記のように積分式の中に入り込んで使われる.

［定理 4.1（δ 関数の性質）］

(1) $\quad \int_{-\infty}^{\infty} \delta(t-t_0)dt = 1 \tag{4.4}$

(2) $\quad \int_{-\infty}^{\infty} f(t)\delta(t-t_0)dt = f(t_0) \tag{4.5}$

(3) $\quad f(t)\delta(t-t_0) = f(t_0)\delta(t-t_0) \tag{4.6}$

特に $t_0 = 0$ とすると、$f(t)\delta(t) = f(0)\delta(t)$ 　　例えば、$t\delta(t) = 0$

(4) $\quad \int_{-\infty}^{\infty} f(t)\delta(at)dt = \dfrac{1}{|a|}f(0) \tag{4.7}$

(5) $\quad \delta(at) = \dfrac{1}{|a|}\delta(t) \tag{4.8}$

特に $a = -1$ とすると $\delta(-t) = \delta(t)$ なので、δ 関数は偶関数

(6) 　$f(t)$ が微分可能な関数なら

$$\int_{-\infty}^{\infty} f(t)\delta'(t)dt = -f'(0) \tag{4.9}$$

例題 4-1　定理 4.1 の(2)〜(6)を証明せよ．

[解]

(2)は，$\displaystyle\int_{-\infty}^{\infty} f(t)\delta(t-t_0)dt = \int_{-\infty}^{\infty} f(x+t_0)\delta(x)dx = f(t_0)$

(3)は，$\displaystyle\int_{-\infty}^{\infty} f(t)\delta(t-t_0)dt = f(t_0) = f(t_0)\int_{-\infty}^{\infty} \delta(t-t_0)dt = \int_{-\infty}^{\infty} f(t_0)\delta(t-t_0)dt$

左辺と右辺を比べると，これが任意の $f(t)$ について成り立つので

$$f(t)\delta(t-t_0) = f(t_0)\delta(t-t_0)$$

(4)は，$a>0$ のとき　$\displaystyle\int_{-\infty}^{\infty} f(t)\delta(at)dt = \frac{1}{a}\int_{-\infty}^{\infty} f\left(\frac{x}{a}\right)\delta(x)dx = \frac{1}{a}f(0)$

$a<0$ のとき $\displaystyle\int_{-\infty}^{\infty} f(t)\delta(at)dt = \frac{1}{a}\int_{+\infty}^{-\infty} f\left(\frac{x}{a}\right)\delta(x)dx = -\frac{1}{a}\int_{-\infty}^{+\infty} f\left(\frac{x}{a}\right)\delta(x)dx = -\frac{1}{a}f(0)$

(5)は，$\displaystyle\int_{-\infty}^{\infty} f(t)\delta(at)dt = \frac{1}{|a|}f(0) = \frac{1}{|a|}\int_{-\infty}^{\infty} f(t)\delta(t)dt = \int_{-\infty}^{\infty} f(t)\frac{1}{|a|}\delta(t)dt$

左辺と右辺を比べると，これが任意の $f(t)$ について成り立つので

$$\delta(at) = \frac{1}{|a|}\delta(t)$$

(6)は，$\displaystyle\int_{-\infty}^{\infty} f(t)\delta'(t)dt = \Big[f(t)\delta(t)\Big]_{-\infty}^{\infty} - \int_{-\infty}^{\infty} f'(t)\delta(t)dt = -f'(0)$

【注】デルタ関数の定義は式(4.3)で与えられ，例題 4-1 の証明はすべて定義式の形に導いた上で証明している．直観的には，以下のように考えてもよい．デルタ関数 $\delta(t-t_0)$ は $t=t_0$ 以外では 0 であるから，デルタ関数を含む積分は積分範囲を $t=t_0$ の近傍に，$[t_0-\varepsilon, t_0+\varepsilon]$ と限定してよい．このとき積分範囲はきわめて狭くとってよいから，その範囲内では連続関数 $f(t)$ を一定の平均値 $f(t_0)$ に置き換えてよい．したがって，

$$\int_{t_0-\varepsilon}^{t_0+\varepsilon} f(t)\delta(t-t_0)dt = \int_{t_0-\varepsilon}^{t_0+\varepsilon} f(t_0)\delta(t-t_0)dt = f(t_0)\int_{t_0-\varepsilon}^{t_0+\varepsilon} \delta(t-t_0)dt = f(t_0)$$

（∵性質(1)）

このように積分範囲をデルタ関数が無限大の値をとる極小範囲に限定し，$f(t)$ を平均値で置き換えればデルタ関数の積分が 1 である性質を使うだけでよく，

考えやすくなる．他の証明も同様な考え方で示すことができる．

例題 4-2　デルタ関数の性質を用いて，次の式を簡単にせよ．

(1)　$\int_{-\infty}^{\infty}(t+1)\delta(t)dt$　　(2)　$t\delta(t)$

［解］
(1)　定理 4.1 の(2)より，1　　(2)　定理 4.1 の(3)より，0

4.2　デルタ関数のフーリエ変換

デルタ関数のフーリエ変換は定義 4.1 より

$$\mathcal{F}[\delta(t)] = \int_{-\infty}^{\infty}\delta(t)e^{-j\omega t}dt = e^{-j\omega t}\Big|_{t=0} = 1$$

となる．すなわち，

［定理 4.2（デルタ関数のフーリエ変換）］

$$\mathcal{F}[\delta(t)] = 1 \qquad (4.10)$$

デルタ関数のフーリエ変換が 1 ということは，図 4.2 のようにすべての周波数成分があるということを意味する．これは光とのアナロジーから白色スペクトルと呼ばれる．なお，デルタ関数を図のように矢印で表す．

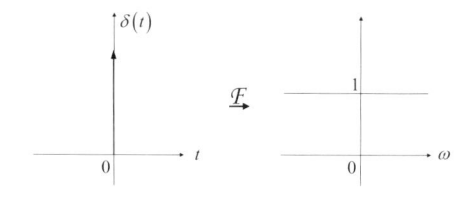

図 4.2　デルタ関数のフーリエ変換

例題 4-3　フーリエ変換の性質を用いて，次の式を証明せよ．

(1) $\mathcal{F}[\delta(t-t_0)] = e^{-jt_0\omega}$ (2) $\mathcal{F}[\delta'(t)] = j\omega$

［解］

(1) $\mathcal{F}[f(t-t_0)] = F(\omega)e^{-jt_0\omega}$ の公式と $\mathcal{F}[\delta(t)] = 1$ より，$\mathcal{F}[\delta(t-t_0)] = e^{-jt_0\omega}$

(2) 同様に，$\mathcal{F}[f'(t)] = j\omega F(\omega)$ の公式より，$\mathcal{F}[\delta'(t)] = j\omega$

［定理 4.3］

定理 4.2 に $\mathcal{F}[F(t)] = 2\pi f(-\omega)$ の公式を用いると次の式が得られる．

$$\mathcal{F}[1] = 2\pi\delta(\omega) \tag{4.11}$$

すなわち，次の公式が成り立つ

$$\delta(\omega) = \frac{1}{2\pi}\int_{-\infty}^{\infty} e^{j\omega t}dt \tag{4.12}$$

あるいは ω と t を入れ替えて，次のようにも書ける．

$$\delta(t) = \frac{1}{2\pi}\int_{-\infty}^{\infty} e^{j\omega t}d\omega \tag{4.13}$$

式 (4.11) と周波数軸の移動の公式から，次のように複素正弦波のフーリエ変換が定められる．

［定理 4.4］

複素正弦波のフーリエ変換は次のように求められる．

$$\mathcal{F}[e^{j\omega_0 t}] = 2\pi\delta(\omega - \omega_0) \tag{4.14}$$

例題 4-4 定理 4.4 を用いて，次の式が成り立つことを示せ．

(1) $\mathcal{F}[\cos\omega_0 t] = \pi[\delta(\omega - \omega_0) + \delta(\omega + \omega_0)]$ (4.15)

(2) $\mathcal{F}[\sin\omega_0 t] = -j\pi[\delta(\omega - \omega_0) - \delta(\omega + \omega_0)]$ (4.16)

[解]

(1) $\mathcal{F}[\cos\omega_0 t] = \mathcal{F}\left[\dfrac{1}{2}\left(e^{j\omega_0 t} + e^{-j\omega_0 t}\right)\right] = \pi[\delta(\omega-\omega_0) + \delta(\omega+\omega_0)]$

(2) $\mathcal{F}[\sin\omega_0 t] = \mathcal{F}\left[-\dfrac{j}{2}\left(e^{j\omega_0 t} - e^{-j\omega_0 t}\right)\right] = -j\pi[\delta(\omega-\omega_0) - \delta(\omega+\omega_0)]$

【デルタ関数列】

デルタ関数が一定間隔で無数に並んだ状態を表すためにデルタ関数列を用いる．

> ［定義 4.2（デルタ関数列の定義）］
>
> デルタ関数が間隔 T で並んでいる状態（図 4.3）を次のように表す．
>
> $$\delta_T(t) = \sum_{n=-\infty}^{\infty} \delta(t-nT) \tag{4.17}$$
>
> 図 4.3　デルタ関数列

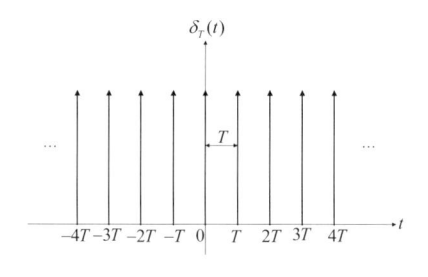

デルタ関数列は次のような使い方に有用である（図 4.4, 図 4.5）．

サンプリング（標本化）

$$\begin{aligned} f(t)\delta_T(t) &= \sum_{n=-\infty}^{\infty} f(t)\delta(t-nT) \\ &= \sum_n f(nT)\delta(t-nT) \end{aligned} \tag{4.18}$$

繰返し波形の生成

$$\begin{aligned} f(t) * \delta_T(t) &= \int_{-\infty}^{\infty} \delta_T(x) f(t-x) dx \\ &= \sum_n f(t-nT) \end{aligned} \tag{4.19}$$

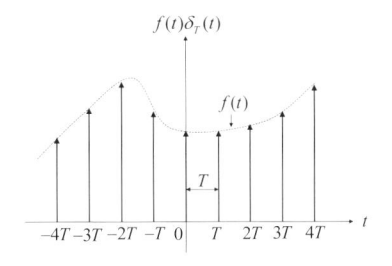

図 4.4　デルタ関数列による標本化 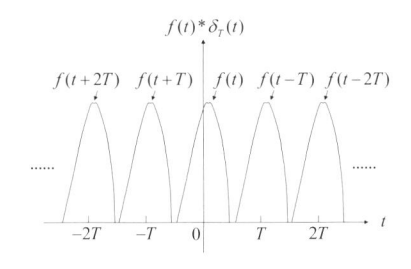　　　図 4.5　デルタ関数列による繰返し波形の生成

[定理 4.5（デルタ関数列のフーリエ変換）]
$$\mathcal{F}[\delta_T(t)] = \omega_0 \sum_{n=-\infty}^{\infty} \delta(\omega - n\omega_0) \qquad ただし，\omega_0 = \frac{2\pi}{T} \tag{4.20}$$

上記のように，デルタ関数列のフーリエ変換はまたデルタ関数列となる．

例題 4-5　定理 4.5 を証明せよ．

[解]

$\delta_T(t)$ は周期関数だから，複素フーリエ級数展開できる．

$$c_n = \frac{1}{T}\int_{-T/2}^{T/2}\delta_T(t)e^{-jn\omega_0 t}dt = \frac{1}{T}\int_{-T/2}^{T/2}\delta(t)e^{-jn\omega_0 t}dt = \frac{1}{T}e^{-jn\omega_0 t}\bigg|_{t=0} = \frac{1}{T}$$

$$\therefore \delta_T(t) = \frac{1}{T}\sum_{n=-\infty}^{\infty}e^{jn\omega_0 t} \qquad ただし，\omega_0 = \frac{2\pi}{T}$$

$$\mathcal{F}[\delta_T(t)] = \frac{1}{T}\sum_{n=-\infty}^{\infty}\mathcal{F}[e^{jn\omega_0 t}] = \frac{1}{T}\sum_n 2\pi\delta(\omega - n\omega_0)$$
$$= \omega_0 \sum_{n=-\infty}^{\infty}\delta(\omega - n\omega_0) = \omega_0 \delta_{\omega_0}(\omega)$$

4.3　周期関数のフーリエ変換

周期関数は，一般にフーリエ級数展開されるが，フーリエ変換を用いて表すこともできる．周期関数 $f(t)$ の繰返し単位の関数（1周期分の関数）を $f_0(t)$ とする．

すなわち，

$$f_0(t) = \begin{cases} f(t) & (|t| < T/2) \\ 0 & (|t| > T/2) \end{cases}$$

$f_0(t)$ のフーリエ変換を $F_0(\omega)$ とするとき，次の定理が成り立つ．

> [定理 4.6]
>
> 周期関数 $f(t)$ に対して，繰返し単位の関数を $f_0(t)$，また $\mathcal{F}[f_0(t)]$ $= F_0(\omega)$ とすると，$f(t)$ のフーリエ変換 $F(\omega)$ は次式で与えられる．
>
> $$F(\omega) = \omega_0 \sum_{n=-\infty}^{\infty} F_0(\omega)\delta(\omega - n\omega_0) \qquad \text{ただし，} \omega_0 = \frac{2\pi}{T} \tag{4.21}$$

周期関数のフーリエ変換は，繰返し単位の関数のフーリエ変換を ω_0 の間隔で標本化した関数となっている．

[定理 4.6 の証明]

$f(t)$ を複素フーリエ級数展開すると，$f(t) = \sum_{n=-\infty}^{\infty} c_n e^{jn\omega_0 t}$　ここで係数 c_n は

$$c_n = \frac{1}{T}\int_{-T/2}^{T/2} f(t)e^{-jn\omega_0 t}dt = \frac{1}{T}\int_{-\infty}^{\infty} f_0(t)e^{-jn\omega_0 t}dt$$

$$= \frac{1}{T}\int_{-\infty}^{\infty} f_0(t)e^{-j\omega t}dt \bigg|_{\omega = n\omega_0} = \frac{1}{T}F_0(n\omega_0)$$

$$\therefore f(t) = \frac{1}{T}\sum_{n=-\infty}^{\infty} F_0(n\omega_0)e^{jn\omega_0 t}$$

これをフーリエ変換すると，

$$F(\omega) = \frac{1}{T}\sum_{n=-\infty}^{\infty} F_0(n\omega_0)2\pi\delta(\omega - n\omega_0) = \frac{2\pi}{T}\sum_{n=-\infty}^{\infty} F_0(n\omega_0)\delta(\omega - n\omega_0)$$

$$= \omega_0 \sum_{n=-\infty}^{\infty} F_0(\omega)\delta(\omega - n\omega_0)$$

例題 4-6　矩形パルス関数 $\text{rect}(t)$ が周期 2 で繰り返されているパルス列関

数 $f(t) = \sum_{n=-\infty}^{\infty} \text{rect}(t-2n)$ のフーリエ変換 $F(\omega)$ を求めよ．またそれを図示せよ．

［解］

$\text{rect}(t)$ のフーリエ変換は $\text{sinc}(\omega/2)$ であるから

$$F(\omega) = \pi \sum_{n=-\infty}^{\infty} \text{sinc}\left(\frac{\omega}{2}\right) \delta(\omega - n\pi)$$

図 4.6 に $F(\omega)$ を示す．

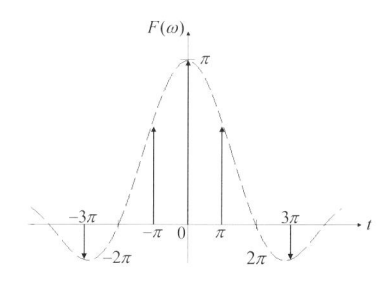

図 4.6 例題 4-6 のフーリエ変換

4.4 単位階段関数

単位階段関数（ステップ関数）は図 4.7 のような形をしており，次のような式で表される．

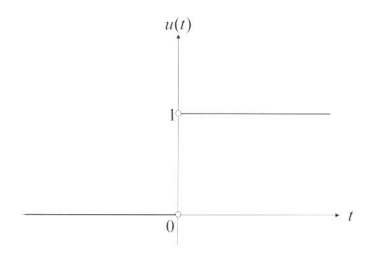

図 4.7 単位階段関数

$$u(t) = \begin{cases} 1 & (t>0) \\ 0 & (t<0) \end{cases} \tag{4.22}$$

この関数も超関数の一種であり，次のような積分形で定義される．

> **［定義 4.3（単位階段関数の定義）］**
>
> $$\int_{-\infty}^{\infty} f(t)u(t)dt = \int_{0}^{\infty} f(t)dt \tag{4.23}$$

単位階段関数は次のような性質を持つ．

> **［定理 4.7］**
>
> (1) $\quad f(t)u(t) = \begin{cases} f(t) & (t>0) \\ 0 & (t<0) \end{cases} \tag{4.24}$
>
> (2) $\quad f(t)u(t-t_0) = \begin{cases} f(t) & (t>t_0) \\ 0 & (t<t_0) \end{cases} \tag{4.25}$
>
> (3) $\quad \dfrac{du(t)}{dt} = \delta(t) \tag{4.26}$

［$u'(t) = \delta(t)$ となることの証明］

$f(t)$ は有限な連続関数，すなわち $t = \pm\infty$ で $f(t) = 0$ となる関数とする．

$$\int_{-\infty}^{\infty} f(t)u'(t)dt = \left[u(t)f(t)\right]_{-\infty}^{\infty} - \int_{-\infty}^{\infty} u(t)f'(t)dt = -\int_{0}^{\infty} f'(t)dt = \left[f(t)\right]_{\infty}^{0} = f(0)$$

したがって，

$$\int_{-\infty}^{\infty} f(t)u'(t)dt = f(0) = \int_{-\infty}^{\infty} f(t)\delta(t)dt$$

これは任意の $f(t)$ に対して成り立つから

$$u'(t) = \delta(t)$$

例題 4-7 $u(t)$ をステップ関数とするとき，以下の関数のグラフを描け．

(1) $\quad u\left(t+\dfrac{1}{2}\right) - u\left(t-\dfrac{1}{2}\right) \qquad$ (2) $\quad 2u(t) - 1$

［解］

図 4.8 にそれぞれのグラフを示す.

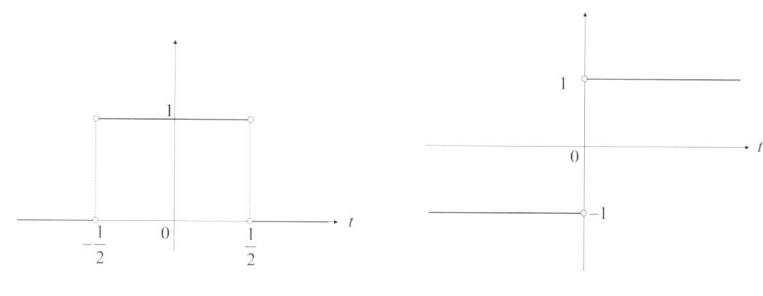

図 4.8(1)　例題 4-7(1)の答

図 4.8(2)　例題 4-7(2)の答

【注】(2)のグラフの関数はシグナム (signum) 関数と呼ばれ，$\mathrm{sgn}(t) = 2u(t) - 1$ とも表記される.

例題 4-8　次の式を簡単にせよ.

(1)　$u(t)\delta(t-1)$　　(2)　$(t+1)u'(t)$

［解］

(1)　$u(t)\delta(t-1) = u(1)\delta(t-1) = \delta(t-1)$　　(2)　$(t+1)u'(t) = (t+1)\delta(t) = \delta(t)$

［定理 4.8］

単位階段関数 $u(t)$ のフーリエ変換 $U(\omega)$ は次式で与えられる.

$$u(t) \xrightarrow{\mathcal{F}} U(\omega) = \frac{1}{j\omega} + \pi\delta(\omega) \tag{4.27}$$

［定理 4.8 の証明］

$u'(t) = \delta(t)$ より両辺をフーリエ変換して $j\omega U(\omega) = 1$　　しかし　$\omega\delta(\omega) = 0$ だから

$$j\omega U(\omega) = 1 + C\omega\delta(\omega) \quad C : 定数$$

とおける. C の値を決めるために, $u(t) + u(-t) = 1$　 ($t = 0$ を除く)　の両辺をフーリエ変換して

$$U(\omega) + U(-\omega) - 2\pi\delta(\omega)$$
$$\left(\frac{1}{j\omega} + \frac{C}{j}\delta(\omega)\right) + \left(-\frac{1}{j\omega} + \frac{C}{j}\delta(-\omega)\right) = 2\pi\delta(\omega)$$
$$\frac{2C}{j}\delta(\omega) = 2\pi\delta(\omega) \quad \text{より}, \quad C = j\pi$$
$$\therefore U(\omega) = \frac{1}{j\omega} + \pi\delta(\omega)$$

―――――― 演習問題 4 ――――――

4-1 デルタ関数の性質を用いて，次の式を簡単にせよ．
  (1) $\int_{-\infty}^{\infty}(t+1)\delta(t)dt$ (2) $\int_{-\infty}^{\infty}\frac{\delta(t-1)}{t}dt$ (3) $\int_{-\infty}^{\infty}e^{-t}\delta(t-2)dt$ (4) $(t^3+1)\delta(t)$
  (5) $(t+1)\delta(-2t)$ (6) $\frac{\delta(t-2)}{t+1}$

4-2 フーリエ変換の性質を利用して，次の関数のフーリエ変換を求めよ．
  (1) $\delta(t-3)$ (2) $\delta(-2t)$ (3) $\delta'(t)$ (4) $\delta'(t-2)$

4-3 $\mathcal{F}[e^{j\omega_0 t}] = 2\pi\delta(\omega-\omega_0)$ であることを利用して，次の関数のフーリエ変換を求めよ．
  (1) $\cos\omega_0 t$ (2) $\sin\omega_0 t$ (3) $\sin\omega_0 t\cos\omega_0 t$ (4) $\cos^2\omega_0 t$ (5) $\sin^2\omega_0 t$

4-4 次の関数のフーリエ変換を求めよ．
  (1) $f(t) = \delta(t+t_0) + \delta(t-t_0)$ (2) $g(t) = \delta(t+t_0) - \delta(t-t_0)$

4-5 次の関数の逆フーリエ変換を求めよ．
  (1) $F(\omega) = \pi[\delta(\omega-\omega_0) + \delta(\omega+\omega_0)]$ (2) $G(\omega) = -j\pi[\delta(\omega-\omega_0) - \delta(\omega+\omega_0)]$

4-6 $u(t)$ をステップ関数とするとき，以下の関数のグラフを描け．
  (1) $t[1-u(t)]$ (2) $(t+1)u(t+1)$ (3) $u(-t)$ (4) $e^{-t}u(t)$ (5) $e^t u(-t)$

4-7 次の式を簡単にせよ．
  (1) $u(t)\delta(t-1)$ (2) $u(t)\delta(t+1)$ (3) $(t+1)u'(t)$

4-8 単位階段関数 $u(t)$ に対して，次のフーリエ変換を求めよ．
  (1) $u(t)e^{j\omega_0 t}$ (2) $u(t-t_0)$

4-9 $\mathcal{F}[u(t)] = \pi\delta(\omega) + \dfrac{1}{j\omega}$ であることを利用して，以下のフーリエ変換を求めよ．
  (1) $u(t-2)$ (2) $u(-3t)$ (3) $u(t)e^{jt}$ (4) $u(t)\cos 2t$ (5) $u'(t)$
  (6) $u\!\left(t+\dfrac{1}{2}\right) - u\!\left(t-\dfrac{1}{2}\right)$ (7) $u(t) - u(t-1)$

4-10 例題 4-7(2)の関数のフーリエ変換を求めよ．

4-11 (1) $f(t) = e^{-at}\sin(\omega_0 t)u(t)$ のフーリエ変換を求めよ．

(2) $f(t) = e^{-at}\cos(\omega_0 t)u(t)$ のフーリエ変換を求めよ．

4-12 $f(t) = t$ のフーリエ変換を求めよ．

4-13 $f(t) = tu(t)$ のフーリエ変換を求めよ．

4-14 次の関数について，それぞれ逆フーリエ変換を求めよ．

(1) $F(\omega) = \dfrac{1}{3+j\omega}$ (2) $F(\omega) = \dfrac{1}{2+j3\omega}$ (3) $F(\omega) = \dfrac{1}{(1+j\omega)(2+j\omega)}$

(4) $F(\omega) = \dfrac{3+j2\omega}{(1+j\omega)(2+j\omega)}$

第 5 章

たたみ込み積分と相関関数

5.1 たたみ込み積分

たたみ込み積分 (convolution) は重畳積分とも呼ばれ，次の式で定義される．

[定義 5.1]
2 つの関数 $f_1(t)$, $f_2(t)$ に対して，たたみ込み積分を次のように定義する．
$$f_1(t) * f_2(t) = \int_{-\infty}^{\infty} f_1(x) f_2(t-x) dx \tag{5.1}$$

[定理 5.1]
たたみ込み積分に対して次の性質が成立つ．
(1) 可換則 $f_1(t) * f_2(t) = f_2(t) * f_1(t)$ (5.2)
(2) 結合則 $[f_1(t) * f_2(t)] * f_3(t) = f_1(t) * [f_2(t) * f_3(t)]$ (5.3)
(3) $f(t) * \delta(t - t_0) = f(t - t_0)$ (5.4)
   特に $t_0 = 0$ なら $f(t) * \delta(t) = f(t)$ (5.5)
   同様に $f(t - t_1) * \delta(t - t_2) = f(t - t_1 - t_2)$ (5.6)

例題 5-1 $f(t) * \delta(t - t_0) = f(t - t_0)$ が成り立つことを証明せよ．

[解]
$$f(t)*\delta(t-t_0) = \delta(t-t_0)*f(t) = \int_{-\infty}^{\infty} \delta(x-t_0)f(t-x)dx$$
$$= f(t-x)\big|_{x=t_0} = f(t-t_0)$$

例題 5-2 次の 2 つの関数のコンボリューション $f_1(t)*f_2(t)$ を計算し，グラフを描け．

$$f_1(t) = \mathrm{rect}(t), \qquad f_2(t) = \left(t+\frac{1}{2}\right)\mathrm{rect}(t)$$

[解]
$$f_2(t-x) = \begin{cases} t-x+\dfrac{1}{2} & \left(|t-x|<\dfrac{1}{2}\right) \\ 0 & \left(|t-x|>\dfrac{1}{2}\right) \end{cases}$$

$|t-x|<\dfrac{1}{2}$ より，$\quad t-\dfrac{1}{2}<x<t+\dfrac{1}{2}$

$f_1(x)$ と $f_2(t-x)$ の重なり方を次の 4 つの場合に分けて考える．

ⅰ) $f_2(t-x)$ が $f_1(x)$ の左側にあって重ならない場合（図 5.1 (1)）

$t+\dfrac{1}{2} < -\dfrac{1}{2}$ より $\quad \underline{t<-1\text{のとき}}$

$f_1(x)f_2(t-x) = 0 \qquad \therefore f_1(t)*f_2(t) = 0$

ⅱ) $f_2(t-x)$ の右側の部分が $f_1(x)$ と重なる場合（図 5.1 (2)）

$-\dfrac{1}{2} \le t+\dfrac{1}{2} < \dfrac{1}{2}$ より $\quad \underline{-1 \le t < 0\text{のとき}}$

$$f_1(t)*f_2(t) = \int_{-1/2}^{t+\frac{1}{2}} f_1(x)f_2(t-x)dx = \int_{-1/2}^{t+\frac{1}{2}} 1\left(t-x+\frac{1}{2}\right)dx = \left[\left(t+\frac{1}{2}\right)x - \frac{x^2}{2}\right]_{-1/2}^{t+\frac{1}{2}}$$

$$= \frac{1}{2}(t+1)^2$$

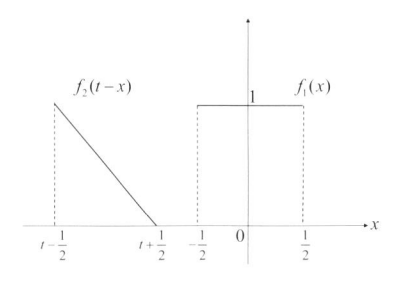

図 5.1(1) 例題 5-2

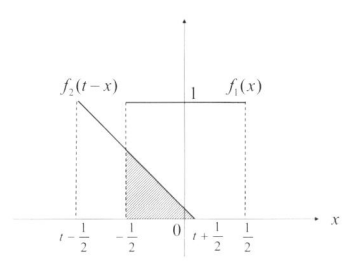

図 5.1(2) 例題 5-2

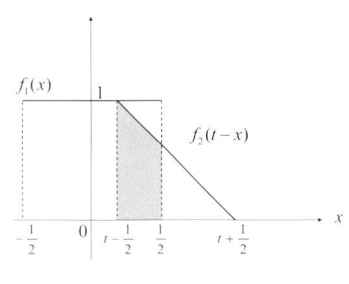

図 5.1(3) 例題 5-2

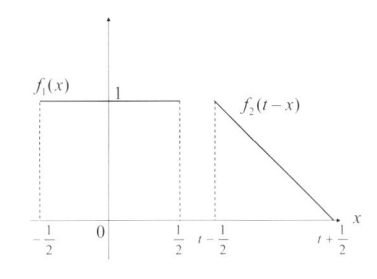

図 5.1(4) 例題 5-2

iii) $f_2(t-x)$ の左側の部分が $f_1(x)$ と重なる場合（図 5.1 (3)）

$$-\frac{1}{2} \leq t-\frac{1}{2} < \frac{1}{2} \text{ より } \quad \underline{0 \leq t < 1 \text{ のとき}}$$

$$f_1(t)*f_2(t) = \int_{t-\frac{1}{2}}^{1/2} f_1(x)f_2(t-x)dx = \int_{t-\frac{1}{2}}^{1/2} 1\left(t-x+\frac{1}{2}\right)dx = \left[\left(t+\frac{1}{2}\right)x - \frac{x^2}{2}\right]_{t-\frac{1}{2}}^{1/2}$$

$$= -\frac{t^2}{2} + \frac{1}{2}$$

iv) $f_2(t-x)$ が $f_1(x)$ の左側にあって重ならない場合（図 5.1 (4)）

$$t-\frac{1}{2} \geq \frac{1}{2} \text{ より } \quad \underline{t \geq 1 \text{ のとき}}$$

$$f_1(x)f_2(t-x) = 0 \qquad \therefore f_1(t)*f_2(t) = 0$$

以上の 4 つの場合をまとめてグラフにすると，図 5.2 のようになる．

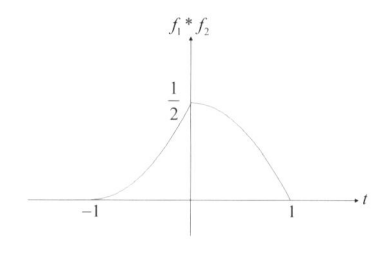

図 5.2 例題 5-2 の結果

5.2 たたみ込み定理とパーシバルの定理

[定理 5.2（時間たたみ込み定理）]

関数 $f_1(t)$, $f_2(t)$ に対して, $\mathcal{F}[f_1(t)] = F_1(\omega)$, $\mathcal{F}[f_2(t)] = F_2(\omega)$ が成り立つとき,

$$\mathcal{F}[f_1(t) * f_2(t)] = F_1(\omega)F_2(\omega) \tag{5.7}$$

が成り立つ.

[定理 5.3（周波数たたみ込み定理）]

関数 $f_1(t)$, $f_2(t)$ に対して, $\mathcal{F}[f_1(t)] = F_1(\omega)$, $\mathcal{F}[f_2(t)] = F_2(\omega)$ が成り立つとき,

$$\mathcal{F}[f_1(t)f_2(t)] = \frac{1}{2\pi} F_1(\omega) * F_2(\omega) \tag{5.8}$$

が成り立つ.

例題 5-3 時間たたみ込み定理を証明せよ.

［解］

$$\begin{aligned}
\mathcal{F}[f_1(t) * f_2(t)] &= \int_{-\infty}^{\infty} \left[\int_{-\infty}^{\infty} f_1(x) f_2(t-x) dx \right] e^{-j\omega t} dt \\
&= \int_{-\infty}^{\infty} f_1(x) \left[\int_{-\infty}^{\infty} f_2(t-x) e^{-j\omega t} dt \right] dx = \int_{-\infty}^{\infty} f_1(x) \left(F_2(\omega) e^{-jx\omega} \right) dx \\
&= F_2(\omega) \int_{-\infty}^{\infty} f_1(x) e^{-j\omega x} dx = F_1(\omega) F_2(\omega)
\end{aligned}$$

例題 5-4　周波数たたみ込み定理を証明せよ．

[解]

この定理は，逆変換で考えると，$F_1(\omega)*F_2(\omega) \xrightarrow{\mathcal{F}^{-1}} 2\pi f_1(t)f_2(t)$ となることを証明しても同じ．そこで

$$\mathcal{F}^{-1}[F_1(\omega)*F_2(\omega)] = \mathcal{F}^{-1}\left[\int_{-\infty}^{\infty} F_1(x)F_2(\omega-x)dx\right]$$

$$= \frac{1}{2\pi}\int_{-\infty}^{\infty}\left[\int_{-\infty}^{\infty} F_1(x)F_2(\omega-x)dx\right]e^{j\omega t}d\omega$$

$$= \frac{1}{2\pi}\int_{-\infty}^{\infty}\int_{-\infty}^{\infty} F_1(x)F_2(y)e^{j(x+y)t}dxdy \qquad \omega-x=y \text{ と変数変換}$$

$$= 2\pi\left[\frac{1}{2\pi}\int_{-\infty}^{\infty} F_1(x)e^{jxt}dx\right]\left[\frac{1}{2\pi}\int_{-\infty}^{\infty} F_2(y)e^{jyt}dy\right] = 2\pi f_1(t)f_2(t)$$

[定理 5.4（パーシバルの定理）]

実関数 $f(t)$ に対して，$\mathcal{F}[f(t)]=F(\omega)$ とする．このとき，

$$\int_{-\infty}^{\infty}|f(t)|^2 dt = \frac{1}{2\pi}\int_{-\infty}^{\infty}|F(\omega)|^2 d\omega \tag{5.9}$$

が成り立つ．

この定理の意味は次のようなものである．$R=1\Omega$ の回路に流れる電流を $f(t)$ とするとき，式 (5.9) の左辺は消費電力の積分＝電源から供給される全エネルギー量で，右辺は周波数領域でのエネルギー・スペクトル $|F(\omega)|^2$ の和．

c.f.　周期関数 $f(t)$ に対するパーシバルの定理と対応する．

$$\frac{1}{T}\int_{-T/2}^{T/2}[f(t)]^2 dt = \sum_{n=-\infty}^{\infty}|c_n|^2$$

例題 5-5　パーシバルの定理を証明せよ．

[解]

周波数たたみ込み定理から

$$\int_{-\infty}^{\infty} f_1(t)f_2(t)e^{-j\omega t}dt = \frac{1}{2\pi}\int_{-\infty}^{\infty} F_1(x)F_2(\omega-x)dx$$

$f_1 = f_2 = f$, $F_1 = F_2 = F$, $\omega = 0$ とし,また $F(-x) = F^*(x)$ より表記を得る.

デルタ関数列とのたたみ込み積分によって,図 5.3 のように繰返し波形を作ることができる.

$$f(t) * \delta_T(t) = \sum_{n=-\infty}^{\infty} f(t) * \delta(t - nT)$$

$$= \sum_{n=-\infty}^{\infty} f(t - nT)$$

＜繰返し波形の生成＞

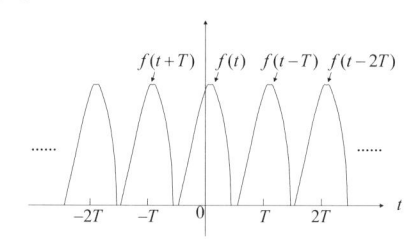

図 5.3　繰返し波形の生成

5.3　相関関数

相関関数（correlation）は 2 つの関数の形の類似性を評価する尺度で,次のように定義される.

[定義 5.2]

一般の複素関数 $f_1(t)$,$f_2(t)$ に対して,相関関数を次のように定義する.

$$R_{12}(\tau) = \int_{-\infty}^{\infty} f_1(t) f_2^*(t - \tau) dt \tag{5.10}$$

$f_1(t) = f_2(t)$ のとき,$R_{11}(\tau)$ を自己相関関数（auto-correlation function）と呼び,

$f_1(t) \neq f_2(t)$ のとき,$R_{12}(\tau)$ を相互相関関数（cross-correlation function）と呼ぶ.

$f_1(t) \otimes f_2(t)$,$f_1(t) \bigstar f_2(t)$ などとも表記する.（f_2^* は f_2 の複素共役）

> [定理 5.5]
> 相関関数に対して次の性質が成り立つ.
> (1) $R_{12}^*(\tau) = R_{21}(-\tau)$ (5.11)
> (2) $R_{11}^*(\tau) = R_{11}(-\tau)$ (5.12)
> 自己相関関数は偶関数となる.

例題 5-6 $\tau = t_2 - t_1$ としたとき,

$$\int_{-\infty}^{\infty} f_1(t-t_1) f_2^*(t-t_2) dt = \int_{-\infty}^{\infty} f_1(t) f_2^*(t-\tau) dt \tag{5.13}$$

が成り立つことを証明せよ.

［解］
$t' = t - t_1$ とおいて,

$$\int_{-\infty}^{\infty} f_1(t-t_1) f_2^*(t-t_2) dt = \int_{-\infty}^{\infty} f_1(t') f_2^*(t'+t_1-t_2) dt' = \int_{-\infty}^{\infty} f_1(t) f_2^*(t-\tau) dt$$

例題 5-7 次の2つの関数の相互相関関数を計算し、グラフを描け. また例題 5-2 の結果と比較せよ.

$$f_1(t) = \text{rect}(t), \quad f_2(t) = \left(t + \frac{1}{2}\right)\text{rect}(t)$$

［解］

$$f_2(t) = \begin{cases} t + \dfrac{1}{2} & \left(|t| < \dfrac{1}{2}\right) \\ 0 & \left(|t| > \dfrac{1}{2}\right) \end{cases} \qquad f_2(t-\tau) = \begin{cases} t - \tau + \dfrac{1}{2} & \left(|t-\tau| < \dfrac{1}{2}\right) \\ 0 & \left(|t-\tau| > \dfrac{1}{2}\right) \end{cases}$$

i) $f_2(t-\tau)$ が $f_1(t)$ の左側にあって重ならない場合 (図 5.4 (1))

$$\tau + \frac{1}{2} < -\frac{1}{2} \text{ より} \qquad \underline{\tau < -1 \text{ のとき}}$$

$$f_1(t) \cdot f_2(t-\tau) = 0 \qquad \therefore R_{12}(\tau) = 0$$

ii) $f_2(t-\tau)$ の右側の部分が $f_1(t)$ と重なる場合 (図 5.4 (2))

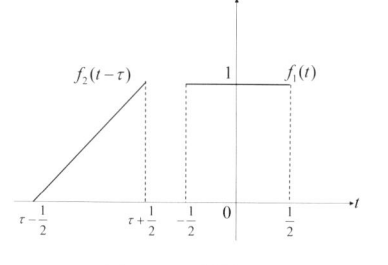

図 5.4(1)　例題 5-7

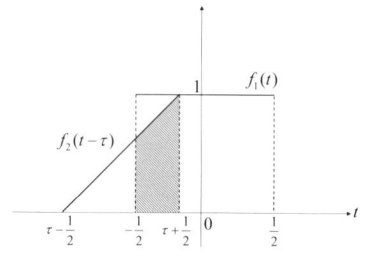

図 5.4(2)　例題 5-7

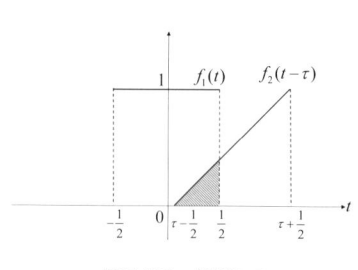

図 5.4(3)　例題 5-7

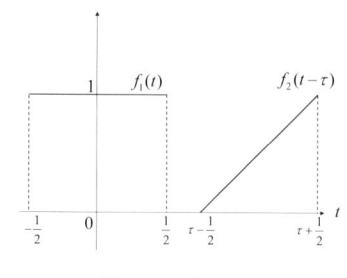

図 5.4(4)　例題 5-7

$$-\frac{1}{2} \leq \tau + \frac{1}{2} < \frac{1}{2} \text{ より} \quad \underline{-1 \leq \tau < 0 \text{ のとき}}$$

$$R_{12}(\tau) = \int_{-1/2}^{\tau+1/2} 1 \cdot \left(t - \tau + \frac{1}{2}\right) dt = -\frac{\tau^2}{2} + \frac{1}{2}$$

iii) $f_2(t-\tau)$ の左側の部分が $f_1(t)$ と重なる場合（図 5.4 (3)）

$$-\frac{1}{2} \leq \tau - \frac{1}{2} < \frac{1}{2} \text{ より} \quad \underline{0 \leq \tau < 1 \text{ のとき}}$$

$$R_{12}(\tau) = \int_{\tau-1/2}^{1/2} 1 \cdot \left(t - \tau + \frac{1}{2}\right) dt = \frac{1}{2}(\tau-1)^2$$

iv) $f_2(t-\tau)$ が $f_1(t)$ の右側にあって重ならない場合（図 5.4 (4)）

$$\tau - \frac{1}{2} \geq \frac{1}{2} \text{ より} \quad \underline{\tau \geq 1 \text{ のとき}}$$

$$f_1(t) \cdot f_2(t-\tau) = 0 \quad \therefore R_{12}(\tau) = 0$$

以上の4つの場合をまとめてグラフにすると，図5.5のようになる．たたみ込み（例題5-2）の結果と比較すると，グラフの形が反転していることがわかる．

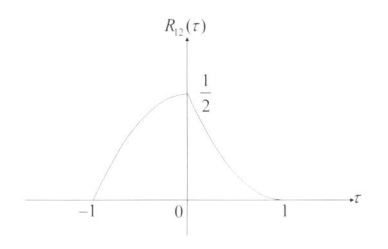

図 5.5 例題 5-7 の結果

例題 5-8 (1) $g(t)$ が実の偶関数のとき，$f(t)$ と $g(t)$ のたたみ込み $f(t)*g(t)$ と，$f(t)$ と $g(t)$ の相関関数 $R_{fg}(\tau)$ は同じ関数形になることを示せ．
(2) $f(t)$ と $g(t)$ がともに実の偶関数ならば，$R_{fg}(\tau)=R_{gf}(\tau)=R_{fg}(-\tau)$ となることを示せ．

［解］

(1) $f(t)*g(t) = \int_{-\infty}^{\infty} f(x)g(t-x)dx = \int_{-\infty}^{\infty} f(x)g(x-t)dx$

一方，$R_{fg}(\tau) = \int_{-\infty}^{\infty} f(x)g(x-\tau)dx$　だから，同じ形になる．

(2) $R_{fg}(\tau) = \int_{-\infty}^{\infty} f(x)g(x-\tau)dx = \int_{-\infty}^{\infty} f(x)g(\tau-x)dx$　　　$\tau-x=x'$ とおく．

$\qquad = \int_{-\infty}^{\infty} f(\tau-x')g(x')dx' = \int_{-\infty}^{\infty} g(x')f(x'-\tau)dx' = R_{gf}(\tau)$

5.4　相関関数のフーリエ変換

［定理 5.6］
　関数 $f_1(t)$，$f_2(t)$ に対して，$\mathcal{F}[f_1(t)] = F_1(\omega)$，$\mathcal{F}[f_2(t)] = F_2(\omega)$ が成り立つとき，相関関数 $R_{12}(\tau)$ のフーリエ変換は次式で与えられる．

$$\mathcal{F}[R_{12}(\tau)] = F_1(\omega) \cdot F_2^*(\omega) \tag{5.14}$$

例題 5-9 定理 5.6 を証明せよ．

［解］

$$\begin{aligned}
\mathcal{F}[R_{12}(\tau)] &= \int_{-\infty}^{\infty} R_{12}(\tau) e^{-j\omega\tau} d\tau \\
&= \int_{-\infty}^{\infty} \left[\int_{-\infty}^{\infty} f_1(t) f_2^*(t-\tau) dt \right] e^{-j\omega\tau} d\tau = \int_{-\infty}^{\infty} f_1(t) \left[\int_{-\infty}^{\infty} f_2^*(t-\tau) e^{-j\omega\tau} d\tau \right] dt \\
&= \int_{-\infty}^{\infty} f_1(t) \left[\int_{-\infty}^{\infty} f_2^*(x) e^{-j\omega(t-x)} dx \right] dt \qquad t-\tau=x \text{ として変数変換} \\
&= \int_{-\infty}^{\infty} f_1(t) e^{-j\omega t} dt \cdot \left[\int_{-\infty}^{\infty} f_2(x) e^{-j\omega x} dx \right]^* \\
&= F_1(\omega) \cdot F_2^*(\omega)
\end{aligned}$$

［定理 5.7（ウィナー－キンチンの定理）］

$f(t)$ の自己相関関数 $R(\tau)$ のフーリエ変換は，エネルギー・スペクトル $|F(\omega)|^2$ を与える．すなわち，

$$\int_{-\infty}^{\infty} R(\tau) e^{-j\omega\tau} d\tau = |F(\omega)|^2 \tag{5.15}$$

また，逆変換の形で書けば，

$$\int_{-\infty}^{\infty} f(t) f^*(t-\tau) dt = \frac{1}{2\pi} \int_{-\infty}^{\infty} |F(\omega)|^2 e^{j\omega\tau} d\omega \tag{5.16}$$

式(5.16)において $\tau = 0$ とすると，

$$R(0) = \int_{-\infty}^{\infty} |f(t)|^2 dt = \frac{1}{2\pi} \int_{-\infty}^{\infty} |F(\omega)|^2 d\omega$$

これは，パーシバルの定理に他ならない

例題 5-10 ウィナー－キンチンの定理を証明せよ．

［解］

定理 5.6 において，$f_1(t) = f_2(t) = f(t)$，$F_1(\omega) = F_2(\omega) = F(\omega)$ とおけばよい．

演習問題 5

5-1 $u(t)$ と $u(t)$ のコンボリューションを計算せよ．

5-2 (1) $\text{rect}(t)$ と $\text{rect}(t)$ のコンボリューションを計算せよ．

(2) $\text{rect}(t)$ の自己相関関数を計算せよ．

5-3 次の2つの関数のコンボリューション $f(t)*g(t) = \int_{-\infty}^{\infty} f(x)g(t-x)dx$ を求めよ．

$$f(t) = \text{rect}(t), \qquad g(t) = \begin{cases} \cos(\pi t) & |t| < \dfrac{1}{2} \\ 0 & |t| > \dfrac{1}{2} \end{cases}$$

5-4 $e^{-\alpha t}u(t)$ （$\alpha > 0$）と $u(t)$ のたたみ込み積分を求めよ．

5-5 (1) $h(t)u(t)$ と $u(t)$ のたたみ込み積分を求めよ．

(2) $h(t)u(t)$ と $u(-t)$ のたたみ込み積分を求めよ．

5-6 2つの関数，$f(t)=e^{-\alpha t}u(t)$，$g(t)=e^{\alpha t}u(-t)$ について，次の問に答えよ．ただし，$\alpha>0$，$u(t)$ は単位階段関数である．

(1) $f(t)$ をグラフに示せ．

(2) $g(t)$ をグラフに示せ．

(3) $f(t)+g(t)$ を単位階段関数を使わずに，1つの式で表せ．

(4) $f(t)+g(t)$ のフーリエ変換を求めよ．

(5) $p(t)=f(t)*g(t)$ とする．$*$ はたたみ込み積分を表す．このとき，$p(t)$ のフーリエ変換を求めよ．

5-7 2つのガウス関数 $f_1(t)=\dfrac{1}{a\sqrt{\pi}}\exp\left(-\dfrac{t^2}{a^2}\right)$，$f_2(t)=\dfrac{1}{b\sqrt{\pi}}\exp\left(-\dfrac{t^2}{b^2}\right)$ のたたみ込み積分 $f_3(t)=f_1(t)*f_2(t)$ は，次のようになることを示せ．

$$f_3(t) = \dfrac{1}{c\sqrt{\pi}}\exp\left(-\dfrac{t^2}{c^2}\right) \qquad \text{ただし，} \quad c^2 = a^2 + b^2$$

5-8 (1) たたみ込み積分 $\left[e^{-t}u(t)\right]*\left[e^{-t}u(t)\right]$ を計算せよ．

(2) このたたみ込み積分のフーリエ変換を求めよ．

5-9 関数 $f_1(t)$ と $f_2(t)$ の自己相関関数を $R_{11}(\tau)$，$R_{22}(\tau)$ とし，$R_{12}(\tau)$ を $f_1(t)$ と $f_2(t)$ の相互相関関数とする．このとき，すべての τ に対し $R_{11}(0)+R_{22}(0) \geq 2\,\text{Re}\left[R_{12}(\tau)\right]$ となることを示せ．

5-10 実関数を $f(t)$，そのフーリエ変換を $F(\omega)$ とする．いま $x(t)=f(t+2)+f(t-2)$ であるとする．このとき，次の問に答えよ．

(1) $x(t)$ のフーリエ変換 $X(\omega)$ を $F(\omega)$ を用いて表せ．

(2) $f(t)$ の自己相関関数を $R_{ff}(\tau)$ とする．$g(t)=f(t+2)$，$h(t)=f(t-2)$ としたとき，両者

の相互相関関数 $R_{gh}(\tau)$ を $f(t)$ の自己相関関数 $R_{ff}(\tau)$ を用いて表せ．

(3) $x(t)$ の自己相関関数を $R_{xx}(\tau)$ とするとき，$R_{xx}(\tau)$ を $f(t)$ の自己相関関数 R_{ff} を用いて表せ．

(4) $x(t)$ のエネルギースペクトルを $F(\omega)$ を用いて表せ．

5-11 $f(t)$ を任意の時間関数，$g(t) = \delta(t) + \delta(t-t_0) + \delta(t+t_0)$ とする（t_0 は定数）．このとき，次の問に答えよ．

(1) $f(t)$ と $g(t)$ のたたみ込みを求めよ．

(2) $f(t)$ が図 5.6 に示すような波形のとき，(1) の結果を具体的に図示せよ．

(3) $g(t)$ のフーリエ変換 $G(\omega)$ を最も簡単な形で示せ．

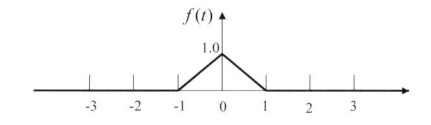

図 5.6　問題 5-11 の $f(t)$

5-12 任意の実関数 $f(t)$ と $g(t)$ のたたみ込みを $o(t)$ とする．

(1) いま $g(t) = f(-t)$ としたとき，$o(t)$ が $f(t)$ の自己相関関数になることを時間領域で示せ．

(2) (1)において，$o(t)$ のフーリエ変換 $O(\omega)$ を $F(\omega)$ を用いて示せ．

第 6 章

線形システムへの応用

6.1 フーリエ変換による線形常微分方程式の解法

次のような常微分方程式について考える.

$$a_n \frac{d^n g(t)}{dt^n} + a_{n-1} \frac{d^{n-1} g(t)}{dt^{n-1}} + \cdots + a_1 \frac{dg(t)}{dt} + a_0 g(t) = f(t) \tag{6.1}$$

ここで $f(t)$ は既知なので入力関数, $g(t)$ は解なので出力関数と考えることができる.

この方程式は線形である. すなわち, $f_1(t)$ に対する解を $g_1(t)$, $f_2(t)$ に対する解を $g_2(t)$ とすると, $c_1 f_1(t) + c_2 f_2(t)$ に対する解は $c_1 g_1(t) + c_2 g_2(t)$ となり, 重ね合わせの原理が成り立つ.

2 階の常微分方程式は力学系や電気回路でしばしば現れる. 例えば図 6.1 のような物体の運動は, 質量 m, 摩擦抵抗 γ, バネ定数 k として次の方程式で表される.

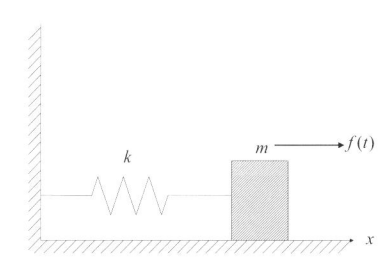

図 6.1 バネにつながれた物体の運動

$$m\frac{d^2x(t)}{dt^2}+\gamma\frac{dx(t)}{dt}+kx(t)=f(t) \tag{6.2}$$

ここで $f(t)$ は外力（入力），$x(t)$ は変位（出力）である．

例題 6-1 次の微分方程式

$$a_2\frac{d^2g(t)}{dt^2}+a_1\frac{dg(t)}{dt}+a_0g(t)=f(t) \tag{6.3}$$

をフーリエ変換せよ．

［解］

$$a_2(j\omega)^2G(\omega)+a_1(j\omega)G(\omega)+a_0G(\omega)=F(\omega)$$

$$\left[(j\omega)^2a_2+j\omega a_1+a_0\right]G(\omega)=F(\omega) \tag{6.4}$$

フーリエ変換によって微分方程式は代数方程式に変換されるので，出力スペクトル $G(\omega)$ は入力スペクトル $F(\omega)$ から次式で求められる．

$$G(\omega)=\frac{F(\omega)}{(j\omega)^2a_2+j\omega a_1+a_0} \tag{6.5}$$

$H(\omega)$ を

$$H(\omega)\equiv\frac{\text{出力スペクトル}}{\text{入力スペクトル}}=\frac{G(\omega)}{F(\omega)} \tag{6.6}$$

と定義すると，

$$H(\omega)=\frac{1}{(j\omega)^2a_2+(j\omega)a_1+a_0} \tag{6.7}$$

これより，

$$G(\omega)=H(\omega)\cdot F(\omega) \tag{6.8}$$

この式から次の2つのどちらかの方法で，解 $g(t)$ を求めることができる．

ⅰ）フーリエ逆変換による方法

$$g(t)=\frac{1}{2\pi}\int_{-\infty}^{\infty}H(\omega)F(\omega)e^{j\omega t}d\omega \tag{6.9}$$

ⅱ）たたみ込み積分による方法

$$g(t) = h(t) * f(t) \tag{6.10}$$

ただし，$h(t)$ は $H(\omega)$ の逆フーリエ変換．すなわち，

$$\mathcal{F}[h(t)] = H(\omega) \tag{6.11}$$

図 6.2 に微分方程式と代数方程式の関係をまとめた．

[時間領域]　　　　　　　　　[周波数領域]

微分方程式　　　　　　　　　代数方程式

$a_n \dfrac{d^n g(t)}{dt^n} + \cdots + a_0 g(t) = f(t)$　　$\xrightarrow{\mathcal{F}}$　　$a_n(j\omega)^n G(\omega) + \cdots + a_0 G(\omega) = F(\omega)$

$g(t) = \mathcal{F}^{-1}[H(\omega) \cdot F(\omega)]$　　$\xleftarrow{\mathcal{F}^{-1}}$　　$G(\omega) = H(\omega) \cdot F(\omega)$

$g(t) = h(t) * f(t)$　　　　　　　　コンボリューション

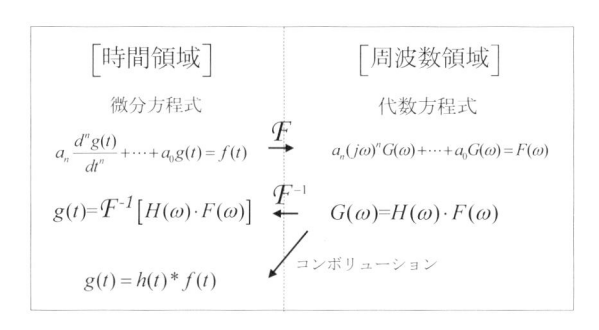

図 6.2　微分方程式の解法

【2 階常微分方程式の具体的な解法】

$$a_2 \frac{d^2 g(t)}{dt^2} + a_1 \frac{dg(t)}{dt} + a_0 g(t) = f(t) \tag{6.12}$$

について，入力が次の 4 つの場合について考えてみよう．

(1)　$f(t) = \cos\omega_0 t$ の場合

このときの解 $g(t)$ は，<u>定常解</u>と呼ばれる．複素表示を用いて，$f_c(t) = e^{j\omega_0 t}$ とおく．

$F_c(\omega) = 2\pi\delta(\omega - \omega_0)$ だから，

$$\begin{aligned} G_c(\omega) &= H(\omega) F_c(\omega) = H(\omega) \cdot 2\pi\delta(\omega - \omega_0) \\ &= H(\omega_0) 2\pi\delta(\omega - \omega_0) \end{aligned} \tag{6.13}$$

（ただし，$-a_2\omega_0^2 + ja_1\omega_0 + a_0 \neq 0$，すなわち $H(\omega_0) = \infty$ とならないことが条件）

式(6.13)をフーリエ逆変換して，

$$\begin{aligned}g_c(t) &= H(\omega_0)e^{j\omega_0 t} \\ &= |H(\omega_0)|e^{j[\omega_0 t + \theta(\omega_0)]}\end{aligned} \qquad (6.14)$$

ただし，$H(\omega_0) = |H(\omega_0)|e^{j\theta(\omega_0)}$ とおいた．

$$g(t) = \mathrm{Re}\left[g_c(t)\right] = |H(\omega_0)|\cos(\omega_0 t + \theta) \qquad (6.15)$$

入力が振幅 1，周波数 ω_0 の波ならば，出力（解）は振幅が $|H(\omega_0)|$ 倍となり，位相が θ だけずれた波となる．

(2) $f(t) = \delta(t)$ の場合

このときの解 $g(t)$ は，<u>インパルス応答</u>と呼ばれる．

$F(\omega) = 1$ だから，$G(\omega) = H(\omega) \cdot F(\omega) = H(\omega)$

したがって

$$g(t) = \mathcal{F}^{-1}\left[H(\omega)\right] = h(t) \qquad (6.16)$$

なお，$t = 0$ でインパルス入力があるので，出力は $t > 0$ でしか現れない．すなわち，$t < 0$ では $h(t) = 0$ とならなければならないことに注意（因果律）．

【注】$t < 0$ のとき $h(t) = 0$ の条件を満足しているとき，$h(t)$ を因果関数と呼ぶ．

(3) $f(t) = u(t)$ の場合

このときの解 $g(t)$ は，<u>過渡解</u>と呼ばれる．

$$\begin{aligned}g(t) &= h(t) * u(t) = \int_{-\infty}^{\infty} h(x)u(t-x)dx = \int_{-\infty}^{t} h(x)dx \\ &= \int_{0}^{t} h(x)dx\end{aligned}$$

$t < 0$ では $h(t) = 0$ なので，積分範囲を $t > 0$ とした．また出力 $g(t)$ は $t > 0$ で現れるので，最終的に $u(t)$ を付けて次式を得る．

$$g(t) = \left[\int_{0}^{t} h(x)dx\right] \cdot u(t) \qquad (6.17)$$

(4) $f(t) = u(-t)$ の場合

このときの解 $g(t)$ も，<u>過渡解</u>と呼ばれる．

$$g(t) = h(t) * u(-t) = h(t) * [1 - u(t)] = \int_0^\infty h(x)dx - \left[\int_0^t h(x)dx\right]u(t)$$
$$= \left[\int_t^\infty h(x)dx\right]u(t) + \frac{u(-t)}{a_0} \tag{6.18}$$

1項目は $t > 0$ の状態，2項目は $t < 0$ の状態を示す．

6.2 線形システム

ある系において，入力に対して出力がどのようになるかを調べるとき，線形システム（linear system）の考え方はきわめて有用である．

[定義 6.1]

入力 $f(t)$ に対してシステム $\mathcal{L}$ の出力 $g(t)$ が得られたとき，

$$g(t) = \mathcal{L}[f(t)] \tag{6.19}$$

のように表す．

図 6.3 に線形システムの入出力の様子を示す．

図 6.3 線形システム

[定義 6.2（線形システム）]

次の2つの性質を持つものとして，線形システムを定義する．

(1) 線形性

$$\mathcal{L}[a_1 f_1(t) + a_2 f_2(t)] = a_1 \mathcal{L}[f_1(t)] + a_2 \mathcal{L}[f_2(t)] \tag{6.20}$$

のように重ね合わせの原理が成り立つ．

(2) 移動不変性

移動不変性（shift-invariant）とは，任意の t_0 に対して次式が成り立つことをいう．

$$g(t-t_0) = \mathcal{L}[f(t-t_0)] \tag{6.21}$$

変数が時間だとすると，図 6.4 のように同じ入力信号をどの時間に入力しても出力は同じになる．

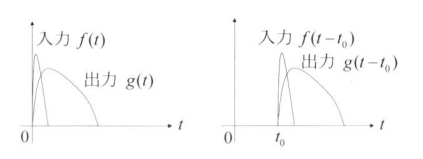

図 6.4　移動不変性

[定義 6.3（インパルス応答）]

インパルス入力 $\delta(t)$ に対する出力 $h(t)$ をインパルス応答と呼ぶ．

$$h(t) = \mathcal{L}[\delta(t)] \tag{6.22}$$

[定理 6.1]

線形システムの出力 $g(t)$ は，入力 $f(t)$ とインパルス応答 $h(t)$ のたたみ込み積分によって与えられる．すなわち，

$$g(t) = h(t) * f(t) \tag{6.23}$$

けっきょく，線形システムの応答はインパルス応答によって一意的に決定される．

例題 6-2　定理 6.1 を証明せよ．

［解］

出力 $g(t)$ はその線形性を考慮して

$$g(t) = \mathcal{L}[f(t)] = \mathcal{L}\left[\int_{-\infty}^{\infty} f(t')\delta(t-t')dt'\right] = \int_{-\infty}^{\infty} f(t')\mathcal{L}[\delta(t-t')]dt'$$

←線形性の適用

$$= \int_{-\infty}^{\infty} f(t')h(t-t')dt' \quad \text{←移動不変性の適用}$$

$$= h(t) * f(t)$$

インパルス応答 $h(t)$ のフーリエ変換

$$H(\omega) = \mathcal{F}[h(t)] \tag{6.24}$$

は，システム伝達関数（system transfer function）と呼ばれる．

[定理 6.2]
　入力スペクトルを $F(\omega)$，出力スペクトルを $G(\omega)$ とすると
$$G(\omega) = H(\omega)F(\omega) \tag{6.25}$$
が成り立つ．これより，出力 $g(t)$ は次式で求められる．
$$\begin{aligned}g(t) &= \mathcal{F}^{-1}[H(\omega)F(\omega)] \\ &= \frac{1}{2\pi}\int_{-\infty}^{\infty} H(\omega)F(\omega)\exp(j\omega t)d\omega\end{aligned} \tag{6.26}$$

[定理 6.3]
　線形システムへの入力が複素正弦波 $\exp(j\omega_0 t)$ のとき，その出力は次式で与えられる．
$$\mathcal{L}[\exp(j\omega_0 t)] = H(\omega_0)\exp(j\omega_0 t) \tag{6.27}$$

例題 6-3　定理 6.3 を証明せよ．

[解]

$$\begin{aligned}\mathcal{L}[e^{j\omega_0 t}] &= h(t) * e^{j\omega_0 t} = \int_{-\infty}^{\infty} h(x)e^{j\omega_0(t-x)}dx = e^{j\omega_0 t}\int_{-\infty}^{\infty} h(x)e^{-j\omega_0 x}dx \\ &= H(\omega_0) \cdot e^{j\omega_0 t}\end{aligned}$$

例題 6-4 線形システムに単位階段関数 $u(t)$ を入力したとき，その出力 $a(t)$，および十分に時間が経ったときの出力 $a(\infty)$ は，次のようになることを示せ．

$$a(t) = \mathcal{L}[u(t)] = \int_{-\infty}^{t} h(x)dx \tag{6.28}$$

$$a(\infty) = H(0) \tag{6.29}$$

ただし，$h(t)$ はこのシステムのインパルス応答，$H(\omega)$ はシステム伝達関数である．

[解]

$$a(t) = h(t) * u(t) = \int_{-\infty}^{\infty} h(x)u(t-x)dx = \int_{-\infty}^{t} h(x)dx \qquad (t>0)$$

$$a(\infty) = \int_{-\infty}^{\infty} h(x)dx = \int_{-\infty}^{\infty} h(x)e^{-j\omega x}dx \bigg|_{\omega=0} = H(\omega)\big|_{\omega=0} = H(0)$$

[定義 6.4]
線形システムの入力波形 $f(t)$ と出力波形 $g(t)$ が相似，すなわち両者の間に

$$g(t) = A \cdot f(t-t_0) \qquad A : 定数 \tag{6.30}$$

の関係が成り立つとき，このシステムは無歪であるという．

図 6.5 に示すように単に t_0 遅れて相似な波形が出力されるから，信号が無歪でそのシステムを通過したことになる．これは，理想的な増幅器や伝送システムに対応する．

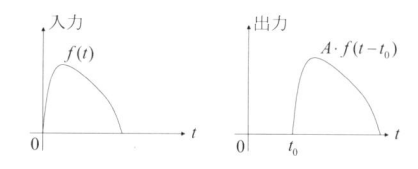

図 6.5 無歪システム

例題 6-5 無歪なシステムにおいて，そのシステム関数の振幅スペクトルは一定で，位相スペクトルは周波数に比例することを示せ．

[解]

式(6.30)をフーリエ変換して

$$G(\omega) = AF(\omega)e^{-jt_0\omega} = H(\omega)F(\omega)$$

$$\therefore H(\omega) = Ae^{-jt_0\omega} \tag{6.31}$$

式(6.31)のように $|H(\omega)|$ が一定であるとは,すべての周波数に対して均一に応答することを示している.現実にはこのような理想的なシステムは存在しない.

例題 6-6 理想的な低域通過フィルタのシステム関数を

$$H(\omega) = e^{-jt_0\omega} \text{rect}\left(\frac{\omega}{2\omega_c}\right) \tag{6.32}$$

のように定義したとき,インパルス応答,および単位階段関数に対する応答を求めよ.

[解]

インパルス応答は $H(\omega)$ を逆フーリエ変換して,

$$h(t) = \mathcal{F}^{-1}[H(\omega)] = \frac{1}{2\pi}\int_{-\omega_c}^{\omega_c} e^{-jt_0\omega}e^{j\omega t}d\omega = \frac{1}{2\pi j(t-t_0)}e^{j\omega(t-t_0)}\bigg|_{-\omega_c}^{\omega_c}$$

$$= \frac{\omega_c}{\pi}\frac{\sin\omega_c(t-t_0)}{\omega_c(t-t_0)}$$

フィルタの形 $H(\omega)$ とインパルス応答 $h(t)$ の形を図 6.6(1)(2)に示す.$t<0$ においても $h(t)\neq 0$ であることに注意せよ.この理想的フィルタは物理的に実現不可能なので,因果律を満足する必要はないからである.

単位階段関数に対する応答は

$$a(t) = \int_{-\infty}^{t} h(x)dx = \frac{1}{\pi}\int_{-\infty}^{t}\frac{\sin\omega_c(x-t_0)}{(x-t_0)}dx = \frac{1}{\pi}\int_{-\infty}^{\omega_c(t-t_0)}\frac{\sin x}{x}dx$$

$$= \frac{1}{\pi}\int_0^{\infty}\frac{\sin x}{x}dx + \frac{1}{\pi}\int_0^{\omega_c(t-t_0)}\frac{\sin x}{x}dx$$

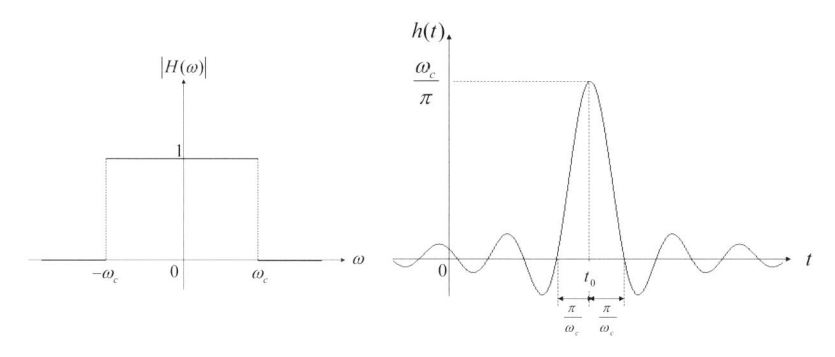

図 6.6(1) 例題 6-6 のフィルタの形   **図 6.6(2)** インパルス応答

ここで，正弦積分関数 $Si(t)$ を次のように定義する．

$$Si(t) \equiv \int_0^t \frac{\sin x}{x} dx = \int_0^t \mathrm{sinc}\, x\, dx$$

$Si(t)$ は図 6.7 のような形をしており，$Si(0)=0$，$Si(\pm\infty)=\pm\pi/2$，これより

$$a(t) = \frac{1}{2} + \frac{1}{\pi} Si[\omega_c (t-t_0)]$$

単位階段応答 $a(t)$ を図 6.8 に示す．応答は t_0 だけ遅れる．応答の立ち上がり時間 t_r を，$t=t_0$ における接線が $a(t)=0$ と $a(\infty)=1$ と交差する時間と定義すると

$$\left.\frac{da(t)}{dt}\right|_{t=t_0} = \frac{1}{t_r} = \frac{\omega_c}{\pi} \text{ より，} \qquad t_r = \frac{\pi}{\omega_c}$$

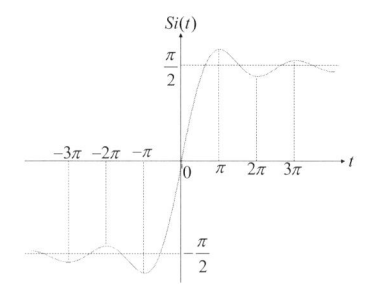

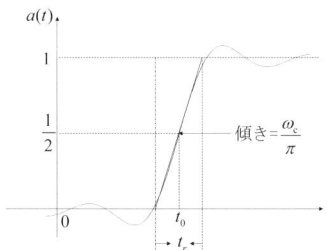

図 6.7 正弦積分関数   **図 6.8** 単位階段応答

この結果から，

　　　（立ち上がり時間）×（フィルタの帯域幅）＝定数

となっていることがわかる．

演習問題 6

6-1 次の微分方程式は線形であることを証明せよ．
$$a_2 \frac{d^2 g(t)}{dt^2} + a_1 \frac{dg(t)}{dt} + a_0 g(t) = f(t)$$
（ヒント：入力 $f_1(t)$ に対する解を $g_1(t)$，入力 $f_2(t)$ に対する解を $g_2(t)$ とするとき，入力 $c_1 f_1(t) + c_2 f_2(t)$ に対する解が $c_1 g_1(t) + c_2 g_2(t)$ となることを示せばよい）

6-2 次の微分方程式をフーリエ変換を用いて解け．
(1) $x''(t) + 3x'(t) + 2x(t) = e^{j\omega_0 t}$
(2) $x''(t) + 3x'(t) + 2x(t) = e^{j\omega_1 t} + e^{j\omega_2 t}$
(3) $x'(t) + 2x(t) = e^{j\omega_0 t}$

6-3 次の微分方程式をフーリエ変換を用いて解け．またその解をグラフに描け．
(1) $x''(t) + 3x'(t) + 2x(t) = \delta(t)$
(2) $x''(t) + 3x'(t) + 2x(t) = \delta(t - t_0)$
(3) $x'(t) + 2x(t) = \delta(t)$
(4) $x''(t) + 2x'(t) + 2x(t) = \delta(t)$

6-4 次の微分方程式をフーリエ変換を用いて解け．またその解をグラフに描け．
(1) $x''(t) + 3x'(t) + 2x(t) = u(t)$
(2) $x''(t) + 3x'(t) + 2x(t) = u(-t)$
(3) $x'(t) + 2x(t) = u(t)$
(4) $x'(t) + 2x(t) = u(-t)$

6-5 線形システムに矩形パルス $f(t) = \text{rect}\left(t - \frac{1}{2}\right)$ を入力したところ，出力パルスは $g(t) = \frac{1}{2} \text{rect}\left(t - \frac{3}{2}\right)$ であった．システム関数およびインパルス応答を求めよ．

6-6 システム関数が
$$H(\omega) = \begin{cases} e^{-j\theta_0} & (\omega > 0) \\ e^{+j\theta_0} & (\omega < 0) \end{cases}$$
で与えられる線形システムのインパルス応答を求めよ．またこのシステムに信号 $f(t) = \cos \omega_0 t$ を入力したとき，その出力を求めよ．

6-7 線形システムにインパルスを入力したところ，そのインパルス応答は $h(t) = e^{-t} u(t)$ とな

った．

(1) このシステムに，$t>0$ で一定値 2 を入力し続けたときに，どのような出力が得られるかをコンボリューションの計算から求めよ．

(2) このシステムのシステム伝達関数を求めよ．

(3) このシステムに $f(t)=e^{j2t}$ が入力しているとき，その出力を求めよ．

(4) このシステムに $f(t)=e^{j2t}+2e^{j3t}$ が入力しているとき，その出力を求めよ．

6-8 システム関数 $H(\omega)=1+j2\omega$ の線形システムに，$f(t)=2\cos^2\omega t$ を入力したときの出力を求めよ．

6-9 ある線形システムの入力を $f(t)$，出力を $g(t)$ とすると，その入出力の関係は次の微分方程式 $\dfrac{dg(t)}{dt}+3g(t)=f(t)$ で表すことができた．このとき，以下の問に答えよ．

(1) このシステムのシステム伝達関数 $H(\omega)$ を求めよ．

(2) このシステムのインパルス応答を求めよ．

(3) このシステムに $f(t)=\cos\omega_0 t+\cos 3\omega_0 t$ を入力したときの出力 $g(t)$ を求めよ．

6-10 システム関数 $H(\omega)=2e^{-j\omega}$ の線形システムに，$f(t)=\mathrm{rect}\left(t-\dfrac{1}{2}\right)$ を入力したときの出力を求めよ．

6-11 インパルス応答が $h(t)=\delta(t-2)$ で与えられる線形システムについて以下の問に答えよ．

(1) このシステムのシステム伝達関数を求めよ．

(2) 入力が $f(t)=\mathrm{rect}\left(t-\dfrac{1}{2}\right)$ のとき，出力 $g(t)$ を求めよ．

第 7 章

電気回路への応用

7.1 電気回路の方程式

コイル（L），抵抗（R），キャパシター（C）からなる電気回路において，それぞれに流れる電流と両端の電圧には次の関係がある．

$$v_L(t) = L\frac{di(t)}{dt} \tag{7.1}$$

$$v_R(t) = Ri(t) \tag{7.2}$$

$$v_C(t) = \frac{1}{C}\int_{-\infty}^{t} i(x)dx \tag{7.3}$$

図 7.1 のような L，R，C の直列回路に電圧 $e(t)$ の電源が接続されている場合を考えると，次の方程式が成り立つ．

$$L\frac{di(t)}{dt} + Ri(t) + \frac{1}{C}\int_{-\infty}^{t} i(x)dx = e(t) \tag{7.4}$$

両辺を微分して

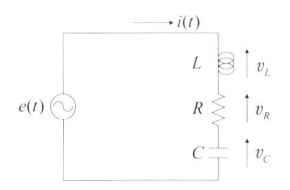

図 7.1　L，R，C の直列回路

$$L\frac{d^2i(t)}{dt^2} + R\frac{di(t)}{dt} + \frac{i(t)}{C} = \frac{de(t)}{dt} \tag{7.5}$$

これは線形な方程式であるから，L，R，C からなる電気回路では重ね合せの原理が成り立つ．

7.2　電源が正弦波交流の場合

電源が正弦波交流である場合を考えよう．電源電圧 $e(t) = E_m \cos(\omega t + \theta_e)$ に対して回路に流れる電流を $i(t) = I_m \cos(\omega t + \theta_i)$ と仮定する．このまま三角関数の形で計算するのは煩雑なので複素表示を用いる．複素表示の電圧，電流を次のようにおく．

$$e_c(t) = E e^{j\omega t} \qquad E = E_m e^{j\theta_e} \tag{7.6}$$

$$i_c(t) = I e^{j\omega t} \qquad I = I_m e^{j\theta_i} \tag{7.7}$$

これを式（7.5）に代入すると，次のような簡単な代数方程式が得られる．

$$Z(\omega) I = E \tag{7.8}$$

ただし，

$$Z(\omega) = R + j\left(\omega L - \frac{1}{\omega C}\right) \tag{7.9}$$

$Z(\omega)$ は複素インピーダンスと呼ばれ，複素電圧と複素電流の比である．$Z(\omega)$ を

$$Z(\omega) = |Z(\omega)| e^{j\theta(\omega)} \tag{7.10}$$

のように指数関数表示すると，電流と電圧の間には次の関係が成り立つ．

$$I_m = E_m / |Z(\omega)| \qquad \theta_i = \theta_e - \theta \tag{7.11}$$

したがって，実際に流れる電流は次のようになる．

$$i(t) = \mathrm{Re}\bigl[i_c(t)\bigr] = \mathrm{Re}\bigl[I e^{j\omega t}\bigr] = \frac{E_m}{|Z|} \cos(\omega t + \theta_e - \theta) \tag{7.12}$$

図 7.2 に複素平面上での E と I の関係を示す．

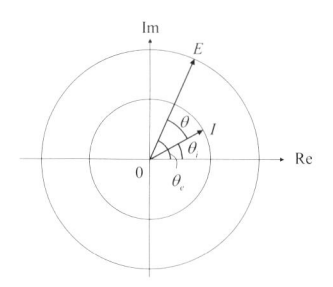

図 7.2 複素平面上での E と I の関係

例題 7-1 微分方程式（7.5）から代数方程式 $Z(\omega)I = E$ が得られることを示せ．また式（7.9）より $Z(\omega) = |Z(\omega)|e^{j\theta(\omega)}$ の絶対値 $|Z(\omega)|$ と位相 $\theta(\omega)$ を求めよ．

[解]

$$L\frac{d^2(Ie^{j\omega t})}{dt^2} + R\frac{d(Ie^{j\omega t})}{dt} + \frac{Ie^{j\omega t}}{C} = \frac{d(Ee^{j\omega t})}{dt}$$

$$L(j\omega)^2 Ie^{j\omega t} + R(j\omega)Ie^{j\omega t} + \frac{1}{C}Ie^{j\omega t} = j\omega E e^{j\omega t}$$

$$ZI = E \qquad \text{ただし，} \quad Z(\omega) \equiv R + j\left(\omega L - \frac{1}{\omega C}\right)$$

$$|Z(\omega)| = \sqrt{R^2 + \left(\omega L - \frac{1}{\omega C}\right)^2}, \qquad \theta(\omega) = \tan^{-1}\left(\frac{\omega L - 1/\omega C}{R}\right) \tag{7.13}$$

例題 7-2 インピーダンス Z の負荷の両端の交流電圧が $e(t) = E_m \cos(\omega t + \theta_e)$ のとき，負荷に流れる電流は $i(t) = I_m \cos(\omega t + \theta_i)$ であった．負荷で消費される平均電力 P を求めよ．また平均電力 P は複素表示を用いて，

$$P = \frac{1}{2}\text{Re}\left[E^* I\right] \tag{7.14}$$

と表せることを示せ．

[解]

$$P = \frac{1}{T}\int_{-T/2}^{T/2} e(t)i(t)dt = \frac{1}{T}\int_{-T/2}^{T/2} E_m \cos(\omega t + \theta_e) I_m \cos(\omega t + \theta_i) dt$$

$$= \frac{E_m I_m}{2T}\int_{-T/2}^{T/2}\{\cos(2\omega t + \theta_e + \theta_i) + \cos(\theta_i - \theta_e)\}dt$$

$$= \frac{E_m I_m}{2}\cos(\theta_i - \theta_e)$$

一方,

$$\frac{1}{2}\mathrm{Re}[E^*I] = \frac{1}{2}\mathrm{Re}[E_m e^{-j\theta_e} I_m e^{j\theta_i}] = \frac{E_m I_m}{2}\mathrm{Re}[e^{j(\theta_i - \theta_e)}]$$

$$= \frac{E_m I_m}{2}\cos(\theta_i - \theta_e) = P$$

7.3 電源が（正弦波交流以外の）周期電圧の場合

任意の周期波形の電圧 $e(t)$ が電気回路に加わったとき，どのような電流 $i(t)$ が流れるか．図 7.3 のように $E_1 e^{j\omega_1 t}$ の電源に対しては $I_1 e^{j\omega_1 t}$ の電流が流れ，また $E_2 e^{j\omega_2 t}$ の電源に対しては $I_2 e^{j\omega_2 t}$ の電流が流れるとする．このとき重ね合せの原理が成り立つから，$E_1 e^{j\omega_1 t}$ と $E_2 e^{j\omega_2 t}$ の 2 つの電源が直列につながった場合には $I_1 e^{j\omega_1 t} + I_2 e^{j\omega_2 t}$ の電流が流れる．このことは一般にいくつの電源に対しても成り立つ．

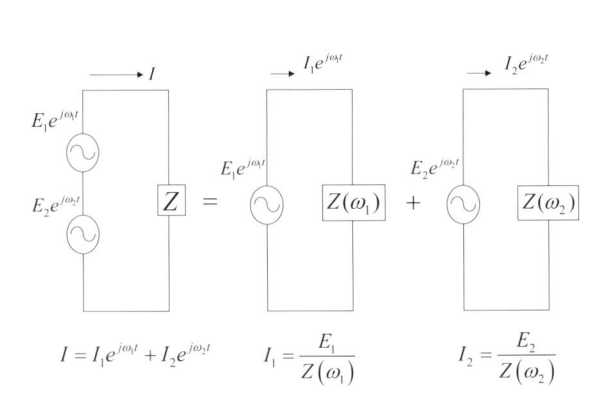

図 7.3 重ね合わせの原理

7.3 電源が（正弦波交流以外の）周期電圧の場合

任意の周期波形の電圧 $e(t)$ を，次のように複素フーリエ級数展開する．

$$e(t) = \sum_{n=-\infty}^{\infty} E_n e^{jn\omega_0 t} \tag{7.15}$$

流れる電流 $i(t)$ も同じ周期の周期関数であるから，同様にフーリエ級数展開される．

$$i(t) = \sum_{n=-\infty}^{\infty} I_n e^{jn\omega_0 t} \tag{7.16}$$

電圧 $E_n e^{jn\omega_0 t}$ に対応して電流 $I_n e^{jn\omega_0 t}$ が流れるから，

$$I_n = \frac{E_n}{Z(n\omega_0)} \tag{7.17}$$

したがって，電流は次式のように高調波成分の重ね合わせとなる．

$$i(t) = \sum_{n=-\infty}^{\infty} \frac{E_n}{Z(n\omega_0)} e^{jn\omega_0 t} \tag{7.18}$$

例題 7-3 式（7.18）は，次のようにも書けることを示せ．

$$i(t) = \frac{E_0}{Z(0)} + 2\sum_{n=1}^{\infty} \mathrm{Re}\left[\frac{E_n e^{jn\omega_0 t}}{Z(n\omega_0)}\right] \tag{7.19}$$

［解］

電圧 $e(t)$ は実関数なので $E_{-n} = E_n^*$

$$I_n e^{jn\omega_0 t} + I_{-n} e^{-jn\omega_0 t} = \frac{E_n e^{jn\omega_0 t}}{Z(n\omega_0)} + \frac{E_{-n} e^{-jn\omega_0 t}}{Z(-n\omega_0)} = \frac{E_n e^{jn\omega_0 t}}{Z(n\omega_0)} + \frac{E_n^* e^{-jn\omega_0 t}}{Z^*(n\omega_0)} = 2\mathrm{Re}\left[\frac{E_n e^{jn\omega_0 t}}{Z(n\omega_0)}\right]$$

したがって，

$$i(t) = \sum_{n=-\infty}^{\infty} \frac{E_n}{Z(n\omega_0)} e^{jn\omega_0 t} = \frac{E_0}{Z(0)} + 2\sum_{n=1}^{\infty} \mathrm{Re}\left[\frac{E_n e^{jn\omega_0 t}}{Z(n\omega_0)}\right]$$

例題 7-4 周期波形の電圧 $e(t) = \sum_{n=-\infty}^{\infty} E_n e^{jn\omega_0 t}$，電流 $i(t) = \sum_{n=-\infty}^{\infty} I_n e^{jn\omega_0 t}$ に対して平均電力は，次のようになることを示せ．

$$P = \sum_{n=-\infty}^{\infty} E_n^* \cdot I_n \tag{7.20}$$

［解］

$$\begin{aligned}
P &= \frac{1}{T}\int_{-T/2}^{T/2} p(t)dt = \frac{1}{T}\int_{-T/2}^{T/2} e(t)i(t)dt \\
&= \frac{1}{T}\int_{-T/2}^{T/2} \left(\sum_{m=-\infty}^{\infty} E_m e^{jm\omega_0 t}\right)\left(\sum_{n=-\infty}^{\infty} I_n e^{jn\omega_0 t}\right)dt = \sum_m \sum_n \frac{E_m I_n}{T}\int_{-T/2}^{T/2} e^{jm\omega_0 t}e^{jn\omega_0 t}dt \\
&= \sum_n E_{-n}I_n = \sum_{n=-\infty}^{\infty} E_n^* \cdot I_n
\end{aligned}$$

平均電力はそれぞれの周波数成分ごとの平均電力の和となっている．この結果はパーシバルの定理に対応している．

7.4 電源が一般的な波形電圧（非周期電圧）の場合

L, R, C からなる電気回路では重ね合せの原理が成り立つから，この回路を図 7.4 に示すように線形システムとして考えることができる．

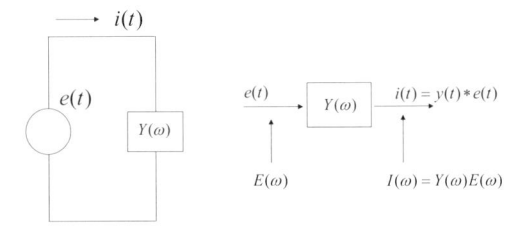

図 7.4 線形システムとしての回路

すなわち，電源（入力）電圧 $e(t)$ の入力スペクトル電圧

$$E(\omega) = \int_{-\infty}^{\infty} e(t)e^{-j\omega t}dt \tag{7.21}$$

と回路に流れる（出力）電流 $i(t)$ の出力スペクトル電流

$$I(\omega) = \int_{-\infty}^{\infty} i(t)e^{-j\omega t}dt \tag{7.22}$$

の間には，アドミタンス $Y(\omega)$ を用いて次のような関係が成り立つ．

$$I(\omega) = Y(\omega)E(\omega) \tag{7.23}$$

アドミタンス $Y(\omega)$ は，この回路のシステム伝達関数となっている．したがって，回路電流 $i(t)$ は式（7.23）より次のように求められる．

$$i(t) = \frac{1}{2\pi}\int_{-\infty}^{\infty} Y(\omega)E(\omega)e^{j\omega t}d\omega \tag{7.24}$$

あるいは，式（7.23）よりたたみ込み積分を用いて次の式で求めてもよい．

$$i(t) = y(t) * e(t) \tag{7.25}$$

ここで $y(t)$ は $Y(\omega)$ の逆フーリエ変換で，回路のインパルス応答となっている．

特別の場合として電源が正弦波電流 $e(t) = e^{j\omega_0 t}$ の場合には，定理 6.4 より出力電流は

$$i(t) = Y(\omega_0)e^{j\omega_0 t} \tag{7.26}$$

で与えられる．

例題 7-5　図 7.5 に示す抵抗とコイルの直列回路の電源電圧 $e(t)$ と回路に流れる電流 $i(t)$ の関係について，次の問いに答えよ．

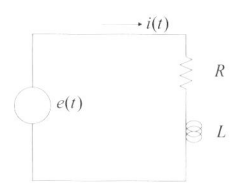

図 7.5　例題 7-5 の回路

(1) 電圧スペクトルと電流スペクトルの間の関係式を求めよ．
(2) この回路のインパルス応答を求めよ．
(3) 回路に $e(t) = \cos\omega_0 t$ の交流電圧が加わったとき，回路に流れる電流を求めよ．
(4) 回路に $t = 0$ で直流電圧 e_0 が加わったとき，回路に流れる電流を求めよ．
(5) 回路にかかっていた直流電圧 e_0 が $t = 0$ で切れたとき，回路に流れる電流を

求めよ.

[解]

この回路のアドミタンスは $Y(\omega) = \dfrac{1}{R + j\omega L}$

(1) $I(\omega) = Y(\omega)E(\omega) = \dfrac{E(\omega)}{R + j\omega L}$

(2) $y(t) = \mathcal{F}^{-1}[Y(\omega)] = \dfrac{1}{L} e^{-\frac{R}{L}t} u(t)$

(3) $Y(\omega) = \dfrac{1}{R + j\omega L} = \dfrac{e^{j\theta}}{\sqrt{R^2 + (\omega L)^2}} \quad \theta = -\tan^{-1}(\omega L / R)$

したがって,

$$i_c(t) = Y(\omega_0) e^{j\omega_0 t} = \dfrac{e^{j(\omega_0 t + \theta)}}{\sqrt{R^2 + (\omega_0 L)^2}} \qquad i(t) = \operatorname{Re}[i_c(t)] = \dfrac{\cos(\omega_0 t + \theta)}{\sqrt{R^2 + (\omega_0 L)^2}}$$

(4) $e(t) = e_0 u(t)$ なので,

$$i(t) = y(t) * e_0 u(t) = \left[\dfrac{e_0}{L} \int_0^t e^{-\frac{R}{L}x} dx\right] u(t) = \dfrac{e_0}{R}\left(1 - e^{-\frac{R}{L}t}\right) u(t)$$

(5) $e(t) = e_0 u(-t)$ なので,

$$i(t) = y(t) * e_0[1 - u(t)] = \int_t^\infty \left[\dfrac{e_0}{L} e^{-\frac{R}{L}x}\right] dx = \dfrac{e_0}{R} e^{-\frac{R}{L}t} u(t) + \dfrac{e_0}{R} u(-t)$$

演習問題 7

7-1 R(resistor) と C(capacitor) からなる並列回路に, $e(t) = 2\cos\omega t + \cos 3\omega t$ の電圧を加えたときに流れる, ω, 3ω の角周波数成分の電流振幅と位相を求めよ.

7-2 直列 RL 回路に $e(t) = 1 + \cos\omega t + \cos 3\omega t$ の電圧を加えたときに流れる, 各周波数成分の電流振幅と位相を求めよ.

7-3 直列 RL 回路 ($R=1\Omega$, $L=1$ H) に例題 2-6 のパルス周期波形の電圧をかけた. このとき, 流れる電流を求めよ.

7-4 次の特性 $i = av + bv^2$ を持つ非線形素子に, $v(t) = E_0 + E_1 \cos\omega t$ の電圧をかけたとき, 流れる電流の直流成分と交流成分を求めよ.

7-5 抵抗 (1Ω) とコイル (1H) の直列回路がある.

(1) この回路に周波数 50Hz, 振幅 1V の余弦波電圧がかかっているとき, 流れる電流を求めよ.
(2) この回路に $t=0$ でインパルス入力があったとき, 流れる電流を求めよ.
(3) この回路に $t=0$ で 1V の直流電圧がかかったとき, 流れる電流を求めよ.
(4) この回路にかかっていた 1V の直流電圧が $t=0$ で切れたとき, 流れる電流を求めよ.

7-6 図 7.6 に示すような抵抗 R と容量 C のコンデンサーから成る回路がある. 左側から加える入力電圧を $v_i(t)$ としたとき, 流れる電流を $i(t)$, コンデンサーの極板間の電位差を $v_o(t)$ とする. このとき, 次の問に答えよ.

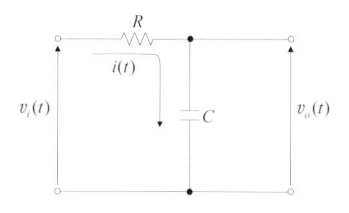

図 7.6 問題 7-6 の回路

(1) $v_i(t)$ と $v_o(t)$ が満たす微分方程式を求めよ. ただし, 電流 $i(t)$ を含まない形で示すこと.
(2) この回路のシステム関数 $H(\omega)$ を求めよ.
(3) この回路に $\sqrt{2}\cos\omega_0 t$ の正弦波電圧を入力として加えた. ただし, $\omega_0 = 1/RC$ である. このときの出力を $a\cos(\omega_0 t + \phi)$ とする. a と ϕ の値を求めよ.

7-7 図 7.7 の RL 回路の入力電圧 $v_i(t)$, 出力電圧 $v_o(t)$, 電流 $i(t)$ に対して, そのフーリエ変換を $V_i(\omega), V_o(\omega), I(\omega)$ とする. 各問に答えよ.
(1) この回路の方程式をたてよ.
(2) この回路方程式をフーリエ変換せよ.
(3) システム関数, $H(\omega) = V_o(\omega)/V_i(\omega)$ を求めよ.
(4) $H(\omega)$ を指数関数形式で書け.
(5) インパルス応答 $h(t)$ を求めよ.
(6) $v_i(t) = \cos\omega_0 t$ のとき, $v_o(t)$ を求めよ.
(7) $t=0$ で 1V の直流電圧がかかったとき, $v_o(t)$ を求めよ.

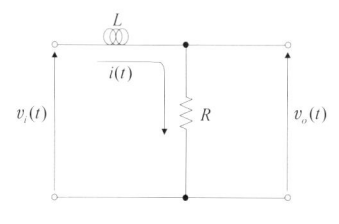

図 7.7 問題 7-7 の回路

第8章

電磁気学・光学への応用

8.1 電磁気学への応用

電界 e によって物質に誘起される分極 p の関係は,よく次のように表記される.

$$p = \varepsilon_0 \chi e \tag{8.1}$$

しかしながらこの式は,直流または一定周波数の場合に成り立つのであって,一般的に時間変化する電界に対しては正しくない.

【電界に対する分極の応答】

物質を,入力を電界,出力を分極とする線形システムと考えることができる.インパルス電界 $\delta(t)$ がかかったとき,物質に誘起される分極(インパルス応答)を $\varepsilon_0 \chi(t)$ とすると,任意の電界 $e(t)$ によって生じる分極 $p(t)$ は次のように表される.

$$p(t) = \varepsilon_0 \chi(t) * e(t) = \varepsilon_0 \int_{-\infty}^{\infty} \chi(t') e(t-t') dt' \tag{8.2}$$

ここで $\chi(t)$ は電気感受率と呼ばれ,分極のインパルス応答に相当する.式(8.2)から次の関係が成り立つ.

$$P(\omega) = \varepsilon_0 \chi_e(\omega) E(\omega) \tag{8.3}$$

ただし,電界,分極,電気感受率のフーリエ変換を,おのおの次のようにおいた.

$$E(\omega) = \int_{-\infty}^{\infty} e(t)e^{-j\omega t}dt$$

$$P(\omega) = \int_{-\infty}^{\infty} p(t)e^{-j\omega t}dt \qquad (8.4)$$

$$\chi_e(\omega) = \int_{-\infty}^{\infty} \chi(t)e^{-j\omega t}dt$$

$P(\omega)$ は複素分極，$\chi_e(\omega)$ は複素電気感受率と呼ばれる．このように電界の周波数によって分極の応答が異なる．このような物質を分散媒質と呼ぶ．媒質を線形システムとしてみたとき，$\chi_e(\omega)$ はシステム関数に対応する．

例題 8-1 電子の古典論によれば，外部電界 $e(t)$ による電子の運動方式は次式で与えられる．

$$m\frac{d^2x}{dt^2} + m\gamma\frac{dx}{dt} + m\omega_0^2 x = qe(t) \qquad (8.5)$$

m は電子の質量，γ は衝突確率，ω_0 は固有振動数，q は素電荷，x は電子の変位を表す．電子の変位によって発生する分極は，$p(t) = Nqx(t)$（N は双極子モーメントの密度）となる．

(1) 媒質の複素分極 $P(\omega)$ を求めよ．
(2) 複素電気感受率 $\chi_e(\omega)$ を求めよ．

［解］

(1) 式（8.5）をフーリエ変換すると，$\left(-m\omega^2 + jm\omega\gamma + m\omega_0^2\right)P(\omega) = Nq^2 E(\omega)$
これより，

$$P(\omega) = -\frac{Nq^2}{m\left(\omega^2 - \omega_0^2 - j\omega\gamma\right)}E(\omega)$$

(2) 式(8.3)より，

$$\chi_e(\omega) = \frac{P(\omega)}{\varepsilon_0 E(\omega)} = -\frac{Nq^2}{m\varepsilon_0\left(\omega^2 - \omega_0^2 - j\omega\gamma\right)}$$

【自然放出による電磁波のスペクトル】

媒質中の電子に $t=0$ でエネルギーが与えられ ω_0 の固有振動を始めたとすると，分極の振動によって電磁波が発生する（自然放出）．しかし衝突確率 γ の項

によってしだいに振動は減衰していくので，電磁波もしだいに減衰していく(図8.1)．自然放出によって発生する電磁波 $e(t)$ は，自然放出寿命を τ として次のように表せる．

$$e(t) = e_0 \exp\left(-\frac{t}{\tau}\right)\cos\omega_0 t \tag{8.6}$$

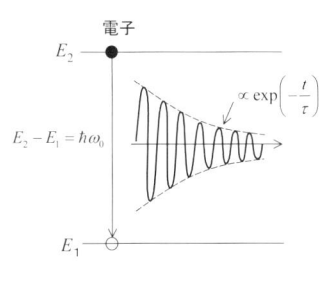

図 8.1　光の自然放出

例題 8-2　$\omega_0 \gg 1/\tau$ のとき，式(8.6)から ω_0 の近傍での自然放出光のパワースペクトル分布を求めよ．

[解]

式(8.6)のフーリエ変換に対して，ω_0 の近傍では次式の第1項だけを考えればよいから，

$$\begin{aligned}E(\omega) &= \frac{e_0}{2}\left[\frac{1}{1/\tau + j(\omega-\omega_0)} + \frac{1}{1/\tau + j(\omega+\omega_0)}\right]\\ &\cong \frac{e_0}{j2}\left[\frac{1}{(\omega-\omega_0) - j/\tau}\right]\end{aligned}$$

パワースペクトルは，図8.2のようなローレンツ形になる．

$$|E(\omega)|^2 = \left(\frac{e_0}{2}\right)^2\left[\frac{1}{(\omega-\omega_0)^2 + (1/\tau)^2}\right] \tag{8.7}$$

スペクトルの半値全幅は $\Delta\omega = 2/\tau$ で，放出寿命が短いほどスペクトル幅は広くなる．

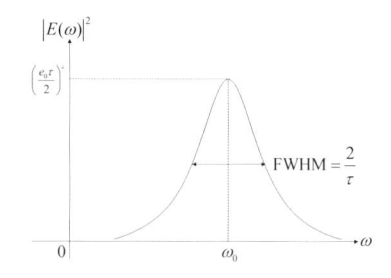

図 8.2　自然放出光のスペクトル

【因果関数とヒルベルト変換】

$t<0$ で 0 となるような関数を因果関数と呼ぶ．例えばインパルス応答（$\delta(t)$ に対する出力）は，入力の前に出力は出ないから因果関数である．因果関数のフーリエ変換に対しては次のような定理が成り立つ．

[定理 8.1]
因果関数 $f(t)$ のフーリエ変換 $F(\omega)$ について次のような式が成り立つ．

$$F(\omega) = -\frac{j}{\pi} P \int_{-\infty}^{+\infty} \frac{F(\omega')}{\omega - \omega'} d\omega' \tag{8.8}$$

ここで $P \int_{-\infty}^{+\infty} d\omega'$ は積分主値，すなわち $\omega' = \omega$ にある極を避けた積分値を表す．

例題 8-3　定理 8.1 を証明せよ．

[解]
$f(t)$ は因果関数であるから次のように表せる．

$$f(t) = f(t)u(t)$$

両辺をフーリエ変換すると，

$$F(\omega) = \frac{1}{2\pi} F(\omega) * U(\omega) = \frac{1}{2\pi} F(\omega) * \left[\pi\delta(\omega) + \frac{1}{j\omega} \right]$$
$$= \frac{1}{2} F(\omega) + \frac{1}{2j\pi} F(\omega) * \frac{1}{\omega}$$

したがって，

$$F(\omega) = \frac{1}{j\pi}F(\omega) * \frac{1}{\omega} = -\frac{j}{\pi}P\int_{-\infty}^{+\infty}\frac{F(\omega')}{\omega-\omega'}d\omega'$$

例題 8-4 因果関数 $f(t)$ のフーリエ変換 $F(\omega)$ の実部と虚部は互いに独立でなく，次のような関係で結ばれている．すなわち $F(\omega) = R(\omega) + jX(\omega)$ としたとき，

$$\begin{aligned}R(\omega) &= \frac{1}{\pi}P\int_{-\infty}^{+\infty}\frac{X(\omega')}{\omega-\omega'}d\omega'\\ X(\omega) &= -\frac{1}{\pi}P\int_{-\infty}^{+\infty}\frac{R(\omega')}{\omega-\omega'}d\omega'\end{aligned} \quad (8.9)$$

が成り立つことを示せ．式(8.9)の関係はヒルベルト変換と呼ばれる．

[解]

定理 8.1 の結果より，

$$\begin{aligned}R(\omega) + jX(\omega) &= -\frac{j}{\pi}P\int_{-\infty}^{+\infty}\frac{R(\omega') + jX(\omega')}{\omega-\omega'}d\omega'\\ &= \frac{1}{\pi}P\int_{-\infty}^{+\infty}\frac{X(\omega')}{\omega-\omega'}d\omega' - \frac{j}{\pi}P\int_{-\infty}^{+\infty}\frac{R(\omega')}{\omega-\omega'}d\omega'\end{aligned}$$

両辺の実部と虚部を比べると，式(8.9)が得られる．

【Kramers-Kronig の関係式】

電気感受率 $\chi(t)$ は因果関数であるから，複素電気感受率を

$$\chi_e = \chi' - j\chi'' \quad (8.10)$$

とおくと実部 χ' と虚部 χ'' は互いに独立でなく，次のような Kramers-Kroning の関係式で結ばれている．

$$\begin{aligned}\chi'(\omega) &= -\frac{2}{\pi}P\int_{0}^{+\infty}\frac{\omega'\chi''(\omega')}{\omega^2-\omega'^2}d\omega'\\ \chi''(\omega) &= +\frac{2\omega}{\pi}P\int_{0}^{+\infty}\frac{\chi'(\omega')}{\omega^2-\omega'^2}d\omega'\end{aligned} \quad (8.11)$$

8.2 電磁波の伝播

等方的な分散媒質中を，z 方向に伝播する x 方向の電界成分 $e(z,t)$ のみを持つ平面波を考える．$d(z,t)$ を電界密度として，次の波動方程式から出発する．

$$\frac{\partial^2 e(z,t)}{\partial z^2} - \mu_0 \frac{\partial^2 d(z,t)}{\partial t^2} = 0 \tag{8.12}$$

例題 8-5 式(8.12)を時間についてフーリエ変換することによって，電界に対する伝播解を求めよ．初期条件は，$z=0$ で振幅が 1 の電磁波が正の z 方向に伝播するとする．

［解］

$d(z,t) = \varepsilon_0 \left[e(z,t) + \chi(t) * e(z,t) \right]$ の関係を用いて，式(8.12)をフーリエ変換すると

$$\partial^2 E(z,\omega)/\partial z^2 - (j\omega)^2 \varepsilon_0 \mu_0 \left(1 + \chi_e(\omega)\right) E(z,\omega) = 0 \tag{8.13}$$

となる．この解は初期条件から次のように与えられる．

$$E(z,\omega) = \exp\left[-jk(\omega)z\right] \tag{8.14}$$

ただし，

$$k(\omega) \equiv \frac{\omega}{c}\sqrt{1 + \chi_e(\omega)}, \qquad c = 1/\sqrt{\varepsilon_0 \mu_0} \tag{8.15}$$

したがって，方程式(8.12)の伝播解は式(8.14)を逆フーリエ変換して次のようになる．

$$e(z,t) = \frac{1}{2\pi} \int_{-\infty}^{\infty} \exp\left[j(\omega t - k(\omega)z)\right] d\omega \tag{8.16}$$

電磁波の伝播を線形システムとして考えてみよう（図 8.3）．$z=0$ での電磁波のスペクトル成分 $E(0,\omega) = 1$ を入力と考える．また $z=z$ まで伝播したときのスペクトル $E(z,\omega) = e^{-jk(\omega)z}$ を出力と考えると，システム関数 $H(\omega)$ を次のよう

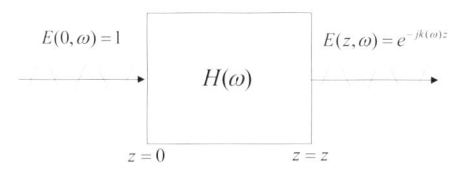

図 8.3 電磁波の伝播

におくことができる．

$$H(\omega) = \exp[-jk(\omega)z] \tag{8.17}$$

ここで $k(\omega)$ は波数に相当し，式(8.15)のような周波数依存性を持つ．

8.3 光学への応用

z 方向に進む平面波の位相は空間的に（x,y 面内で）一様であるが，開口や屈折率分布を持つ平面を通過すると，位相が $\phi(x,y)$ というように空間的分布を持つ．空間変調を受けた光波を 2 次元的な空間信号として捉え，時間信号の場合と同様に空間スペクトルの概念を導入する．

【2次元フーリエ変換】

時間信号は時間 t を変数とする 1 次元信号であるが，空間信号は位置座標 x,y を変数とする 2 次元である．そこで 2 次元フーリエ変換を定義する．

[定義 8.1]

空間信号 $f(x,y)$ に対して空間スペクトル $F(u,v)$ を次のように定義する．

$$F(u,v) = \int_{-\infty}^{\infty}\int_{-\infty}^{\infty} f(x,y)\exp[-j(ux+vy)]dxdy \tag{8.18}$$

またフーリエ逆変換は

$$f(x,y) = \frac{1}{(2\pi)^2}\int_{-\infty}^{\infty}\int_{-\infty}^{\infty} F(u,v)\exp[j(ux+vy)]dudv \tag{8.19}$$

u,v を時間の角周波数に対応させて空間角周波数と呼ぶ．

例題 8-6 次の関数の2次元フーリエ変換を求めよ．

(1) $f(x,y) = \exp[-a(|x|+|y|)]$ ただし $a>0$

(2) $f(x,y) = \exp[j(u_0 x + v_0 y)]$

［解］
(1)
$$\mathcal{F}[\exp[-a(|x|+|y|)]] = \int_{-\infty}^{\infty}\int_{-\infty}^{\infty} \exp[-a(|x|+|y|)]\exp[-j(ux+vy)]dxdy$$
$$= \int_{-\infty}^{\infty}\int_{-\infty}^{\infty} \exp[-a|x|]\exp(-jux)\exp[-a|y|]\exp(-jvy)dxdy$$
$$= \int_{-\infty}^{\infty} \exp(-a|x|)\exp(-jux)dx \int_{-\infty}^{\infty} \exp(-a|y|)\exp(-jvy)dy$$
$$= \frac{2a}{a^2+u^2} \cdot \frac{2a}{a^2+v^2} = \frac{4a^2}{(a^2+u^2)(a^2+v^2)}$$

(2)
$$\mathcal{F}[\exp\{j(u_0 x + v_0 y)\}] = \int_{-\infty}^{\infty}\int_{-\infty}^{\infty} \exp\{j(u_0 x + v_0 y)\}\exp[-j(ux+vy)]dxdy$$
$$= \int_{-\infty}^{\infty}\int_{-\infty}^{\infty} \exp(ju_0 x)\exp(-jux)\exp(jv_0 y)\exp(-jvy)dxdy$$
$$= \int_{-\infty}^{\infty} \exp(ju_0 x)\exp(-jux)dx \int_{-\infty}^{\infty} \exp(jv_0 y)\exp(-jvy)dy$$
$$= (2\pi)^2 \delta(u-u_0)\delta(v-v_0)$$

［定義 8.2］
2つの空間信号 $f(x,y)$，$g(x,y)$ とのたたみ込み積分を次のように定義する．

$$f(x,y) * g(x,y) = \int_{-\infty}^{\infty}\int_{-\infty}^{\infty} f(x',y')g(x-x', y-y')dx'dy' \tag{8.20}$$

レンズによる結像など，光波の伝播によって生じる入力像と出力像の関係を線形システムとして捉えることができる．像は2次元信号であるから，2次元の線形システムを次のように定義する．

[定義 8.3]
　入力 $f(x,y)$ と出力 $g(x,y)$ の間に線形性

$$\mathcal{L}\left[a_1 f_1(x,y) + a_2 f_2(x,y)\right] = a_1 \mathcal{L}\left[f_1(x,y)\right] + a_2 \mathcal{L}\left[f_2(x,y)\right]$$

と移動不変性

$$g(x-x_0, y-y_0) = \mathcal{L}\left[f(x-x_0, y-y_0)\right]$$

が成り立つとき，2 次元の線形システムと考えることができる．すなわち，

$$g(x,y) = \mathcal{L}\left[f(x,y)\right] \tag{8.21}$$

　2 次元の線形システムの応答は，次のように 1 次元の場合と同様にインパルス応答によって一意的に決まる．なお，2 次元のインパルス（デルタ関数）$\delta(x,y)$ は原点においてのみ無限大となり，それ以外の点では 0 となるような関数である．例えば原点にある点光源を想像すればよい．

[定理 8.2]
　2 次元のインパルス $\delta(x,y)$ に対するインパルス応答を $h(x,y)$ とするとき，任意の入力 $f(x,y)$ に対する出力 $g(x,y)$ は次のように表せる．

$$g(x,y) = h(x,y) * f(x,y) = \int_{-\infty}^{\infty} \int_{-\infty}^{\infty} h(x',y') f(x-x', y-y') dx'dy' \tag{8.22}$$

$f(x,y), h(x,y), g(x,y)$ のフーリエ変換をそれぞれ $F(u,v), H(u,v), G(u,v)$ すると，

$$G(u,v) = H(u,v) \cdot F(u,v) \tag{8.23}$$

これは，入力スペクトル $F(u,v)$ と出力スペクトル $G(u,v)$ の関係を結ぶ伝達関数が $H(u,v)$ であることを示している．

【光波の回折】

　平面波の回折の様子を図 8.4 の座標系で考えよう．$z=0$ にあるスクリーン上の複素透過分布を $f_0(x_0, y_0)$ とする．いま z 方向に進む平面波 $\exp\left[j(kz - \omega t)\right]$

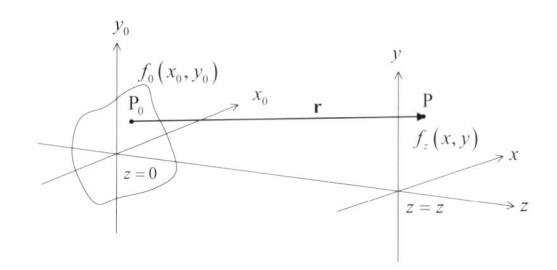

図 8.4　光波の回折

がこのスクリーンにあたったとき，開口の直後で空間的な変調を受け $f_0(x_0, y_0)$ となる．さらに伝播していくとこの平面波は空間的に変調されたため，回折によって広がっていく．$z=z$ における平面上の点 $\mathrm{P}(x, y ; z)$ での回折場 $f_z(x, y)$ は，次式で与えられる．

$$f_z(x, y) = \frac{z}{j\lambda} \int_{-\infty}^{\infty} \int_{-\infty}^{\infty} f_0(x_0, y_0) \frac{\exp\left[jk\sqrt{(x-x_0)^2 + (y-y_0)^2 + z^2}\right]}{(x-x_0)^2 + (y-y_0)^2 + z^2} dx_0 dy_0 \tag{8.24}$$

例題 8-7　回折現象を次のように線形システムとして捉える．z 方向に進む平面波 $\exp[j(kz-\omega t)]$ に対して，$z=0$ にある開口の直後での光電界分布 $f_0(x_0, y_0)$ を入力と考える．さらに $z=z$ における式(8.24)の光電界分布 $f_z(x, y)$ を出力と考える．このとき，インパルス応答はどのような形になるか．

[解]

インパルス応答を $h_z(x, y)$ とすると，線形システムの入出力の関係から

$$f_z(x, y) = h_z(x, y) * f_0(x, y) \tag{8.25}$$

が成り立たなければならない．そこで

$$h_z(x, y) = \frac{z}{j\lambda} \frac{\exp\left[jk\sqrt{x^2 + y^2 + z^2}\right]}{x^2 + y^2 + z^2} \tag{8.26}$$

とおくと，$h_z(x, y)$ と $f_0(x_0, y_0)$ のたたみ込み積分は式(8.24)に等しくなっている，すなわち式(8.25)が成り立っている．

例題 8-8 回折光の観測面が開口より十分遠方にあるとき（$z^2 \gg (x-x_0)^2 + (y-y_0)^2$），

$$\sqrt{(x-x_0)^2 + (y-y_0)^2 + z^2} \approx z + \frac{x^2+y^2}{2z} - \frac{xx_0+yy_0}{z} \tag{8.27}$$

と近似すると，回折像が入力像のフーリエ変換となることを示せ．

［解］
回折の式(8.24)に式(8.27)の近似を導入すると

$$f_z(x,y) \approx \frac{\exp(jkz)}{j\lambda z} \exp\left[\frac{jk}{2z}(x^2+y^2)\right] \iint_{-\infty}^{\infty} f_0(x_0,y_0) \exp\left[-\frac{jk}{z}(xx_0+yy_0)\right] dx_0 dy_0 \tag{8.28}$$

となる．ここで $u=kx/z$, $v=ky/z$ とおけば

$$f_z(x,y) = \frac{\exp(jkz)}{j\lambda z} \exp\left[\frac{jz}{2k}(u^2+v^2)\right] F_0(u,v) \tag{8.29}$$

となるから，十分遠方での回折像は入力像のフーリエ変換像 $F_0(u,v)$ となる．

【注】この近似は，フラウンホッファー近似と呼ばれる．

例題 8-9 $z=0$ の xy 面に，光の振幅透過率が x 方向に周期 d で変化する回折格子がある（図 8.5）．z 方向に進む平面波がこの回折格子に入射したとき，十分遠方での回折光の強度分布を求めよ．ただし回折格子の複素振幅透過係数を $t(x)$ とする．

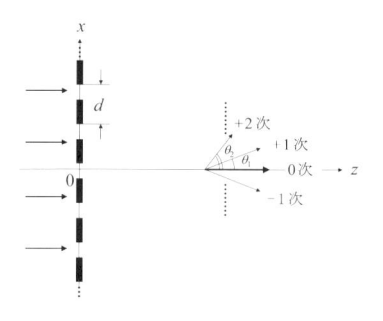

図 8.5 回折格子

[解]

$t(x)$ をフーリエ級数展開すると，$t(x) = \sum_{m=-\infty}^{\infty} t_m e^{jmu_0 x}$　　$u_0 = 2\pi/d$．十分遠方での回折光の振幅分布は複素振幅透過係数のフーリエ変換に比例するから，

$$f_z(x,y) \propto \mathcal{F}[t(x)] = T(u) 2\pi \delta(v) = (2\pi)^2 \delta(v) \sum_{m=-\infty}^{\infty} t_m \delta(u - mu_0) \tag{8.30}$$

ただし，

$u = kx/z$, $v = ky/z$

$u = kx/z = k\tan\theta$ と書くと，上式より，

$$\tan\theta_m = mu_0/k = m\lambda/d \tag{8.31}$$

を満たす θ_m の方向に m 次の回折光が現れる．

m 次の回折光の回折効率は，$\eta_m = \dfrac{|t_m|^2}{\sum_{m=-\infty}^{\infty} |t_m|^2}$ で与えられる．

なお，$t(x)$ の単位周期の形状を $t_0(x)$，また $t_0(x)$ のフーリエ変換を $T_0(u)$ とすると，定理 4.6 より，

$t_m = T_0(mu_0)/d$

となるから，単位周期の形状のフーリエ変換から回折効率を求めることもできる．

【光波の伝達関数】

式(8.25)より，回折波の伝わる自由空間を，$h_z(x,y)$ をインパルス応答とする線形システムと考えることができる．$z=0$ での入力振幅像 $f_0(x_0, y_0)$，$z=z$ での出力振幅像 $f_z(x,y)$，インパルス応答 $h_z(x,y)$ のそれぞれのフーリエ変換

$$F_0(u,v) = \int_{-\infty}^{\infty}\int_{-\infty}^{\infty} f_0(x,y) \exp[-j(ux+vy)] dx dy$$

$$F_z(u,v) = \int_{-\infty}^{\infty}\int_{-\infty}^{\infty} f_z(x,y) \exp[-j(ux+vy)] dx dy$$

$$H_z(u,v) = \int_{-\infty}^{\infty}\int_{-\infty}^{\infty} h_z(x,y) \exp[-j(ux+vy)] dx dy$$

ただし，$u = kx/z$，$v = ky/z$ 　　　　　　　　　　　　　　(8.32)

に対し，次の関係が成立する．

$$F_z(u,v) = H_z(u,v) F_0(u,v) \tag{8.33}$$

ここでシステム伝達関数 $H_z(u,v)$ は，$x^2 + y^2 + z^2 \gg \lambda^2$ の条件のもとで，次のように解析的に求めることができる．

$$H_z(u,v) = \exp\left[jz\sqrt{k^2 - u^2 - v^2}\right] \tag{8.34}$$

けっきょく $z=z$ における出力像は，式(8.32)の逆フーリエ変換から次のように求められる．

$$\begin{aligned}
f_z(x,y) &= \frac{1}{(2\pi)^2} \iint_{-\infty}^{\infty} F_0(u,v) H_z(u,v) \exp\left[j(ux+vy)\right] du dv \\
&= \frac{1}{(2\pi)^2} \iint_{-\infty}^{\infty} F_0(u,v) \exp\left[j\left(ux+vy+\sqrt{k^2-u^2-v^2}\,z\right)\right] du dv
\end{aligned} \tag{8.35}$$

式(8.35)は，波動ベクトル $\boldsymbol{k} = \left(u, v, \sqrt{k^2 - u^2 - v^2}\right)$ の平面波の重ね合わせとなっている．すなわち，空間角周波数 u,v は平面波の方向を表している．

演習問題 8

8-1 例題 8.1 の結果を利用して，ω_0 の近傍での複素電気感受率の実部 $\chi'(\omega)$ と虚部 $\chi''(\omega)$ を求めよ．

8-2 Kramers-Kroning の関係式(8.11)を導け．

8-3 単色光の複素表示 $\hat{e}(t) = ae^{j(\omega t + \phi)}$ に対して，実際の光波振幅は，$e(t) = \text{Re}\left[\hat{e}(t)\right] = a\cos(\omega t + \phi)$ と書ける．スペクトル分布を持つ非単色光の実の光波振幅を $u(t)$ としたとき，その複素表示を $u_c(t)$ とする．すなわち，$u(t) = \text{Re}\left[u_c(t)\right]$ と書ける場合，$u(t)$ と $u_c(t)$ のフーリエ変換をそれぞれ $U(\omega)$，$U_c(\omega)$ とすると

$$U_c(\omega) = \begin{cases} 2U(\omega) & (\omega \geq 0) \\ 0 & (\omega < 0) \end{cases}$$

の関係が成り立つことを示せ．

【注】$u_c(t)$ を $u(t)$ の解析信号と呼ぶ．

8-4 図 8.6 に示すように，$z=0$ と $z=d/2$ に平行に置かれた振幅反射率 r の 2 枚の鏡がある（ファブリ-ペロー光共振器）．z 方向に進む光インパルスがこの 2 枚の鏡を透過したときの状態を考える．鏡でまったく反射せずに直接出てきた光パルスを，2 枚目の鏡の位置で $(1-r^2)\delta(t)$ とする．すると鏡の間を 1 往復反射して出射した光は，$(1-r^2)r^2\delta(t-\tau)$ と

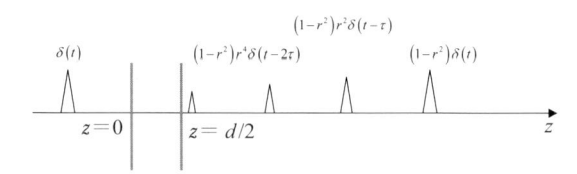

図 8.6 光共振器

なる．同様に 2 往復して出射した光は，$(1-r^2)r^4\delta(t-2\tau)$ となり，m 往復して出射した光は，$(1-r^2)r^m\delta(t-m\tau)$ となる．ただし，$\tau = nd/c$

(1) 光インパルスに対する出射光 $h(t)$ を求めよ．
(2) 光共振器を線形システムとして考えたとき，伝達関数 $H(\omega)$ を求めよ．
(3) 伝達関数 $H(\omega)$ の絶対値スペクトルを求め，透過特性について説明せよ．

8-5 長さ a の 1 次元開口に平面波が入射したとき，十分に遠方での回折広がり角を求めよ．ただし，$a > \lambda$ とする．

8-6 正弦的な位相透過率分布 $t(x) = \exp[j\phi\cos(Kx)]$ を持つ回折格子の回折効率を求めよ．（ヒント：Bessel 関数の級数展開の公式 $\exp[j\phi\cos\theta] = \sum_{n=-\infty}^{\infty} j^n J_n(\phi) e^{jn\theta}$ を用いる）

8-7 鋸刃状の断面を持つエシェレット形回折格子の透過率分布 $t(x) = \exp(j2\pi x/\Lambda)$ $(0 < x < \Lambda)$ を単位とする周期関数で表す．この回折格子の回折効率を求めよ．

8-8 $z=0$ において，ガウス型の振幅分布 $\psi(x,y) = A\exp\left(-\dfrac{x^2+y^2}{w_0^2}\right)$ の光ビームが z 方向に伝播するとき，十分遠方でのビーム広がり角を求めよ．

第9章

通信・信号処理への応用

9.1 振幅変調

信号を効率的に伝送しようとするとき，伝送に適した周波数帯域に変換する操作を一般に変調という．よく用いられる変調方式の1つに振幅変調(amplitude modulation：AM 変調)がある．伝送したい信号を $s(t) = Ms_0(t)$，搬送波（carrier）を $A\cos\omega_c t$ とする．ここに，$M = |s(t)|_{\max}, |s_0(t)| \leq 1.0$ である．振幅変調信号 $f(t)$ は次の式で与えられる．

$$f(t) = \{A + s(t)\}\cos\omega_c t = A\left\{1 + \frac{M}{A}s_0(t)\right\}\cos\omega_c t = A\{1 + m_{AM}s_0(t)\}\cos\omega_c t \tag{9.1}$$

周波数 $f_c = \omega_c/2\pi$ は搬送周波数（carrier frequency），m_{AM} は変調指数 (modulation index)と呼ばれ，通常は $0 < m_{AM} < 1.0$ である．A は単なる振幅項であるから，以下では $A=1$，$\mathcal{F}[s(t)] = S(\omega)$ とする．

> [定理 9.1]
> 振幅変調信号 $f(t)$ のフーリエスペクトル $F(\omega)$ は次式で与えられる．
> $$F(\omega) = \pi\delta(\omega - \omega_c) + \pi\delta(\omega + \omega_c) + \frac{1}{2}S(\omega - \omega_c) + \frac{1}{2}S(\omega + \omega_c) \tag{9.2}$$

例題 9-1 定理 9.1 を証明せよ．

[解]

$\mathcal{F}[\cos\omega_c t] = \pi\delta(\omega-\omega_c) + \pi\delta(\omega+\omega_c)$ の関係を用いる．式(9.1)を $A=1$ として変形すると，$f(t) = \cos\omega_c t + s(t)\cos\omega_c t$．右辺第一項は $\pi\delta(\omega-\omega_c) + \pi\delta(\omega+\omega_c)$．第二項は式(3.16)から，

$$\mathcal{F}[s(t)\cos\omega_c t] = \frac{1}{2}S(\omega-\omega_c) + \frac{1}{2}S(\omega+\omega_c)$$

振幅変調した信号のスペクトル $F(\omega)$ にはスペクトル $S(\omega)$ が $\pm\omega_c$ だけシフトした2つの成分が生まれる．信号 $s(t)$ に含まれる角周波数成分の上限を ω_M とする．すなわち，$S(\omega)=0, |\omega|>\omega_M$ である．このとき，$s(t)$ と $f(t)$，および $S(\omega)$ と $F(\omega)$ との関係を示すと，ω_M と ω_c との大小関係で図 9.1 のように2つの場合に分けることができる．

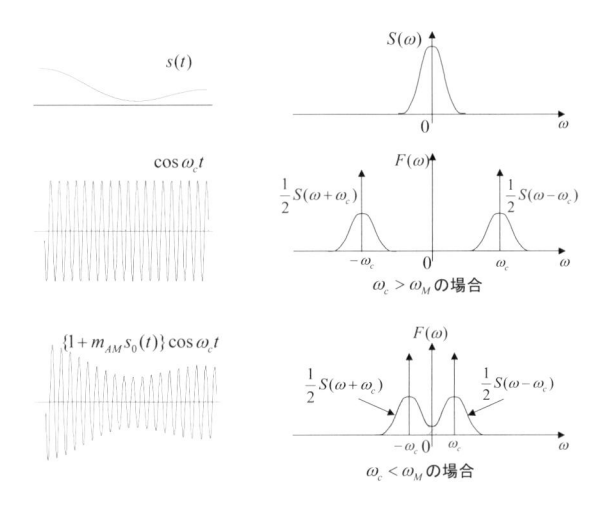

図 9.1 AM 変調波とそのスペクトル

i) $\omega_c > \omega_M$ の場合

この条件下では，図 9.1 右中央に示すように，$[\omega_c-\omega_M, \omega_c+\omega_M]$ の範囲のスペクトル成分だけを見ると，それは ω_c だけ各周波数がシフトしていることを除くと，元の信号のスペクトルと同じ情報を持つことがわかる．振幅変調の場合にはこの条件が満たされなければならない．ω_c 以上の周波数範囲にあるスペクトル部分は上部側帯波，ω_c よりも低い周波数部分のスペクトルは下部側帯波と

いう．なお，ある角周波数 ω_M 以上の周波数成分を持たない信号を帯域制限信号といい，ω_M は帯域幅という．

ⅱ) $\omega_c < \omega_M$ の場合

この条件下では，図 9.1 右下に示すように，$S(\omega - \omega_c)$ と $S(\omega + \omega_c)$ が重なるため，$[\omega_c - \omega_M, -\omega_c + \omega_M]$ の範囲のスペクトルは元の信号のスペクトルと同じものにならない．

振幅変調された信号から元の信号を復元することを復調あるいは検波という．

［定理 9.2］
振幅変調信号 $f(t)$ から元の信号 $s(t)$ を復元するには，$\cos\omega_c t$ を掛けてから $|\omega| < \omega_M$ の帯域成分だけを取り出せばよい．

例題 9-2 定理 9.2 を証明せよ．

［解］

$\cos^2 \omega_c t = \dfrac{1}{2}(1 + \cos 2\omega_c t)$ であるから，

$$\begin{aligned} f(t)\cos\omega_c t &= \{1 + s(t)\}\cos^2\omega_c t = \frac{1}{2}\{1 + s(t)\}(1 + \cos 2\omega_c t) \\ &= \frac{1}{2}\{1 + s(t) + \cos 2\omega_c t + s(t)\cos 2\omega_c t\} \end{aligned} \quad (9.3)$$

(9.3)式の右辺の { } の中を考えると，第一項は直流成分であり，一定値である．第二項は元の信号そのもの，第三項は角周波数 $2\omega_c$ の正弦波，第四項は信号 $s(t)$ のスペクトルが $2\omega_c$ だけシフトしたものになる．したがって $|\omega| < \omega_M$ の帯域成分だけを取り出すことにより，元のスペクトル $S(\omega)$ を取り出すことができる．

振幅変調は搬送波の振幅が信号 $s(t)$ で変調されるが，搬送波の周波数や位相を $s(t)$ によって変える方式もある．それぞれは周波数変調や位相変調と呼ばれ，角度変調の一種である．これらにおいても搬送波によって信号のスペクトルが搬送周波数の周りに分布した形になるが，数学的取扱いは振幅変調の場合よりも難しいものとなる．

9.2 サンプリング定理

(4.17)式で与えられるデルタ関数列を信号 $f(t)$ に掛けると(4.18)式のようになる．T 秒間隔の信号の値だけできまる系列（サンプル値系列といい，$s_T(t)$ と表記する）になり，サンプルされた時刻以外の時間の値は失われるように思われるが，一定の条件下ではサンプル値から元の信号が完全に復元可能である．

> [定理 9.3（サンプリング定理(sampling theorem)）]
> 信号 $s(t)$ に含まれる周波数成分の最高角周波数を ω_M とするとき $T_N = \pi/\omega_M$，あるいはそれよりも短いサンプリング周期 T でサンプルされた離散値から元の連続信号が完全に復元できる．T_N をナイキスト間隔という．

[定理 9.3 の証明]

$s(t)$ と $\delta_T(t)$ の積のフーリエ変換を考えると，式(5.8)と式(4.20)を用いると，

$$\mathcal{F}[s(t)\delta_T(t)] = \frac{1}{T}S(\omega) * \sum_{n=-\infty}^{\infty}\delta(\omega - n\omega_0) = \frac{1}{T}\sum_{n=-\infty}^{\infty}S(\omega - n\omega_0), \quad \omega_0 = \frac{2\pi}{T} \tag{9.4}$$

となり，サンプル値系列 $s_T(t)$ のスペクトル $S_T(\omega)$ を図示すると図 9.2 のようになる．信号 $s(t)$ の帯域幅 ω_M と $\omega_0/2$ との大小関係で 2 つの場合に分けられる．$\omega_M \leq \omega_0/2$ であれば，図 9.2(1)に示すように，$[-\omega_0/2, \omega_0/2]$ の範囲の信号 $s(t)$ のスペクトルは，振幅が $1/T$（これは既知）となる以外はもとの信号のスペクトルと完全に一致する．その範囲のスペクトルの逆フーリエ変換で元の信号が復元されることになる．

$\omega_M > \omega_0/2$ であれば，図 9.2(2)に示すように，$S(\omega)$ とそれが ω_0 だけシフトしたものとが互いに重なるようになる．$\omega_0/2$ を超える角周波数を $(\omega_0/2 + \Delta\omega)$ とすると，その成分は $(\omega_0/2 - \Delta\omega)$ の角周波数成分と見分けがつかなくなり，本来の信号に含まれている $(\omega_0/2 - \Delta\omega)$ の成分に加算されたものになる（演習問題 9-9, 9-10 を参照）．この現象はエリアシング（aliasing）という．サンプリングを行うときには $\omega_M < \omega_0/2$ が満たされるようにしなければならない．

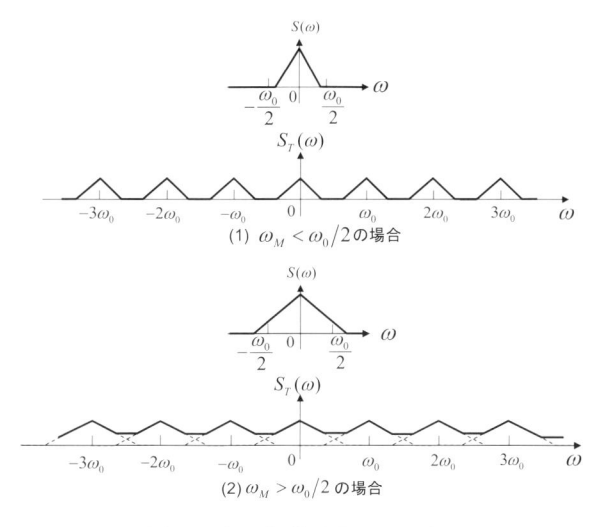

図 9.2 サンプル値系列のスペクトル

9.3 平均相関関数

式(5.10)で定義される相関関数は値が無限大になって定義できない場合がある．無限の時間域 $(-\infty,\infty)$ で 0 にならないような関数（たとえば $f_1(t)$ が周期関数）の自己相関関数を考えると，自己相関関数 $R_{11}(\tau)$ は $\tau = 0$ で無限大に発散する．熱雑音のような不規則信号も同様である．その場合には積分区間で平均をとった相関関数が使われる．それは平均相関関数と呼ばれる．信号処理の分野では相関関数は通常は平均相関関数が使われる．以下では信号は実数であるとする．

[定義 9.1]

関数 $f_1(t)$ と $f_2(t)$ の平均相互相関関数は次式で定義される．

$$\overline{R}_{12}(\tau) = \lim_{T \to \infty} \frac{1}{T} \int_{-T/2}^{T/2} f_1(t) f_2(t-\tau) dt \tag{9.5}$$

$f_2(t) = f_1(t)$ とした場合が平均自己相関関数である．

例題 9-3 次の関数の平均自己相関関数を求めよ．

(1) $A\cos(\omega_0 t + \phi)$　　(2) $A\sin(\omega_0 t + \phi)$

［解］

(1) $T_0 = \dfrac{2\pi}{\omega_0}$ とおくと，

$$\begin{aligned}\overline{R_{11}}(\tau) &= \lim_{T\to\infty}\frac{1}{T}\int_{-T/2}^{T/2} A\cos(\omega_0 t + \phi)A\cos\{\omega_0(t-\tau)+\phi\}dt \\ &= \frac{1}{T_0}\int_{-T_0/2}^{T_0/2} A^2\cos(\omega_0 t + \phi)\cos(\omega_0 t + \phi - \omega_0\tau)dt \\ &= \frac{A^2}{T_0}\int_{-T_0/2}^{T_0/2}\frac{1}{2}\{\cos(2\omega_0 t + 2\phi - \omega_0\tau)+\cos(\omega_0\tau)\}dt = \frac{A^2}{2}\cos\omega_0\tau\end{aligned}$$

(2) 同様に，

$$\begin{aligned}\overline{R_{11}}(\tau) &= \frac{1}{T_0}\int_{-T_0/2}^{T_0/2} A\sin(\omega_0 t + \phi)A\sin\{\omega_0(t-\tau)+\phi\}dt \\ &= \frac{A^2}{2T_0}\int_{-T_0/2}^{T_0/2}\left[-\frac{1}{2}\{\cos(2\omega_0 t + 2\phi - \omega_0\tau)-\cos(\omega_0\tau)\}\right]dt = \frac{A^2}{2}\cos\omega_0\tau\end{aligned}$$

［定理 9.4］

関数 $f_1(t)$ と $f_2(t)$ の平均相互相関関数に関して次の関係が成り立つ．

(1) 自己相関関数 $\overline{R}_{11}(\tau)$ に関して，

$$\overline{R}_{11}(0) \geq \left|\overline{R}_{11}(\tau)\right| \tag{9.6}$$

すなわち原点が最大値

(2) $f_2(t) = f_1(t) * h(t)$ であるとき，

$$\overline{R}_{21}(\tau) = \overline{R}_{11}(\tau) * h(\tau) \tag{9.7}$$

(3) 周期関数の自己相関関数は同じ周期を持つ周期関数

例題 9-4　定理 9.4 を証明せよ．

［解］

(1) $\{f_1(t) \pm f_1(t-\tau)\}^2 \geq 0$ ゆえ，$f_1^{\,2}(t) + f_1^{\,2}(t-\tau) \geq \mp 2 f_1(t) f_1(t-\tau)$

これを $-\dfrac{T}{2}<t<\dfrac{T}{2}$ で積分して平均をとれば，左辺は $2\overline{R}_{11}(0)$，右辺は $\mp 2\overline{R}_{11}(\tau)$ である．$2\overline{R}_{11}(\tau)$ でも $-2\overline{R}_{11}(\tau)$ でも不等号が成り立つことから式(9.6)が成立することになる．

(2) $f_2(t)=\int_{-\infty}^{\infty}h(\sigma)f_1(t-\sigma)d\sigma$ であるから，

$$\overline{R}_{21}(\tau) = \lim_{T\to\infty}\frac{1}{T}\int_{-T/2}^{T/2}f_2(t)f_1(t-\tau)dt = \lim_{T\to\infty}\frac{1}{T}\int_{-T/2}^{T/2}\left\{\int_{-\infty}^{\infty}h(\sigma)f_1(t-\sigma)d\sigma\right\}f_1(t-\tau)dt$$

$$= \int_{-\infty}^{\infty}h(\sigma)\left\{\lim_{T\to\infty}\frac{1}{T}\int_{-T/2}^{T/2}f_1(t-\sigma)f_1(t-\tau)dt\right\}d\sigma = \int_{-\infty}^{\infty}h(\sigma)\overline{R}_{11}(\tau-\sigma)d\sigma$$

$$= h(\tau)*\overline{R}_{11}(\tau) = \overline{R}_{11}(\tau)*h(\tau)$$

(3) $f_1(t)$ の周期を T_1 とすると，$f_1(t-\tau)=f_1(t-\tau-T_1)$ であるから，

$$\overline{R_{11}}(\tau) = \frac{1}{T_1}\int_{-T_1/2}^{T_1/2}f_1(t)f_1(t-\tau)dt = \frac{1}{T_1}\int_{-T_1/2}^{T_1/2}f_1(t)f_1(t-\tau-T_1)dt = \overline{R_{11}}(\tau+T_1)$$

これはすべての τ について成立するから，$\overline{R_{11}}(\tau)$ は周期関数となる．

[定義 9.2]

関数 $f_1(t)$ と $f_2(t)$ の相互相関関数がすべての遅れ時間 τ に対して 0 であるとき，2 つの信号は無相関 (uncorrelated) という．すなわち，

$$R_{12}(\tau) = \int_{-\infty}^{\infty}f_1(t)f_2(t-\tau)dt = 0, \quad -\infty<\tau<\infty \tag{9.8}$$

であれば無相関．平均相互相関関数の場合も同様．

[定義 9.3]

不規則信号 $f(t)$ の自己相関関数がデルタ関数になるとき，すなわち，

$$R_{ff}(\tau) = \sigma^2\delta(\tau) \tag{9.9}$$

のとき，$f(t)$ を白色雑音という．平均自己相関関数の場合も同様．

雑音の中に既知の波形を持つ信号 $s(t)$ が含まれているかどうかを最適に判定するのに用いられるフィルタに整合フィルタ (matched filter) がある．図 9.3 に

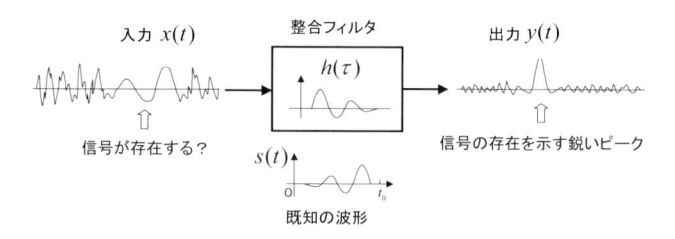

図 9.3 整合フィルタの概念

示すように，白色雑音 $n(t)$ の中に信号が含まれているとし，その入力に対するフィルタの出力のうち，信号 $s(t)$ に対する出力成分を $s_0(t)$，雑音 $n(t)$ に対する出力成分を $n_0(t)$ とする．図に示すように，既知波形の最後尾の時刻を t_0 とし，その時刻（信号成分がすべて入力された時点）でのフィルタ出力における SN 比（信号対雑音比）が最大になるように設計されたフィルタが整合フィルタである．すなわち，

$$\frac{s_0^2(t_0)}{E[n_0^2(t)]} \xrightarrow{h(\tau)} \max \tag{9.10}$$

となるインパルス応答 $h(\tau)$ を持つフィルタである．その導出過程は専門書に譲るが，整合フィルタのインパルス応答は次式で与えられる．

$$h(\tau) = Ks(t_0 - \tau) \tag{9.11}$$

K は任意の定数で，信号波形の時間軸を逆転させたものになる．

9.4 線形システムとスペクトル

> [定義 9.4]
> 関数 $f(t)$ の平均自己相関関数のフーリエ変換をパワースペクトル密度と呼ぶ．すなわち，
>
> $$P_{ff}(\omega) = \mathcal{F}\left[\overline{R}_{ff}(\tau)\right] \tag{9.12}$$
>
> 関数 $f(t)$ と $g(t)$ の平均相互相関関数のフーリエ変換をクロススペクトル密度と呼ぶ．すなわち，
>
> $$P_{fg}(\omega) = \mathcal{F}\left[\overline{R}_{fg}(\tau)\right] \tag{9.13}$$

9.4 線形システムとスペクトル

スペクトル密度は単にスペクトルと呼ぶことが多い．

例題 9-5 信号 $f(t)$ のパワー（単位時間当りのエネルギー）P とパワースペクトル $P_{ff}(\omega)$ との間に

$$P = \lim_{T \to \infty} \frac{1}{T} \int_{-T/2}^{T/2} \{f(t)\}^2 dt = \frac{1}{2\pi} \int_{-\infty}^{\infty} P_{ff}(\omega) d\omega \tag{9.14}$$

なる関係があることを示せ．

［解］
信号のパワー P は平均自己相関関数 $\overline{R}_{ff}(\tau)$ の $\tau = 0$ での値である．式(9.12)から，パワースペクトルをフーリエ逆変換すれば平均自己相関関数になる．すなわち，

$$\overline{R}_{ff}(\tau) = \frac{1}{2\pi} \int_{-\infty}^{\infty} P_{ff}(\omega) e^{j\omega\tau} d\omega$$

ここで $\tau = 0$ とすれば左辺は $\overline{R}_{ff}(0)$ となり，右辺は式(9.14)の右辺に等しくなる．

例題 9-6 周期関数 $f(t)$ のパワースペクトルを求めよ．

［解］
周期関数であるから，次のように複素フーリエ級数展開できる．

$$f(t) = \sum_{n=-\infty}^{\infty} c_n e^{jn\omega_0 t}$$

ただし，T は周期であり，$\omega_0 = \dfrac{2\pi}{T}$ である．

$$\overline{R}_{ff}(\tau) = \frac{1}{T} \int_{-T/2}^{T/2} f(t) f^*(t-\tau) dt = \frac{1}{T} \int_{-T/2}^{T/2} \sum_{n=-\infty}^{\infty} c_n e^{jn\omega_0 t} \sum_{m=-\infty}^{\infty} c_m^* e^{-jm\omega_0(t-\tau)} dt$$

$$= \sum_{n=-\infty}^{\infty} |c_n|^2 e^{jn\omega_0 \tau}$$

これをフーリエ変換すれば，$P_{ff}(\omega) = \sum_{n=-\infty}^{\infty} 2\pi |c_n|^2 \delta(\omega - n\omega_0)$．$\omega_0$ 間隔のスペクトルとなり，これをラインスペクトルと呼ぶ．

線形システムのシステム関数を $H(\omega)$，それへの入力と出力をそれぞれ $F(\omega)$

と $G(\omega)$ とする．このとき，次の定理がある．

［定理 9.5］
(1) 出力のパワースペクトルは

$$P_{gg}(\omega) = |H(\omega)|^2 P_{ff}(\omega) \tag{9.15}$$

(2) 入力と出力のクロススペクトルは
$$P_{gf}(\omega) = H(\omega) P_{ff}(\omega) \tag{9.16}$$

例題 9-7 定理 9.5 を証明せよ．

［解］

(1) $g(t) = \int_{-\infty}^{\infty} h(\sigma) f(t-\sigma) d\sigma$ を用いると，

$$\begin{aligned}
\overline{R}_{gg}(\tau) &= \lim_{T \to \infty} \frac{1}{T} \int_{-T/2}^{T/2} g(t) g(t-\tau) dt \\
&= \lim_{T \to \infty} \frac{1}{T} \int_{-T/2}^{T/2} \left[\int_{-\infty}^{\infty} h(\sigma) f(t-\sigma) d\sigma \right] \left[\int_{-\infty}^{\infty} h(\lambda) f(t-\tau-\lambda) d\lambda \right] dt \\
&= \int_{-\infty}^{\infty} \int_{-\infty}^{\infty} h(\sigma) h(\lambda) \lim_{T \to \infty} \frac{1}{T} \int_{-T/2}^{T/2} f(t-\sigma) f(t-\tau-\lambda) dt d\lambda d\sigma \\
&= \int_{-\infty}^{\infty} \int_{-\infty}^{\infty} h(\sigma) h(\lambda) \overline{R}_{ff}(\tau+\lambda-\sigma) d\lambda d\sigma
\end{aligned}$$

これをフーリエ変換すれば，

$$\begin{aligned}
P_{gg}(\omega) &= \int_{-\infty}^{\infty} \left[\int_{-\infty}^{\infty} \int_{-\infty}^{\infty} h(\sigma) h(\lambda) \overline{R}_{ff}(\tau+\lambda-\sigma) d\lambda d\sigma \right] e^{-j\omega\tau} d\tau \\
&= \int_{-\infty}^{\infty} h(\lambda) e^{+j\omega\lambda} d\lambda \int_{-\infty}^{\infty} h(\sigma) e^{-j\omega\sigma} \int_{-\infty}^{\infty} \overline{R}_{ff}(\mu) e^{-j\omega\mu} d\mu \\
&= H(\omega) H^*(\omega) P_{ff}(\omega)
\end{aligned}$$

(2) $\overline{R}_{gf}(\tau) = \lim_{T \to \infty} \dfrac{1}{T} \int_{-T/2}^{T/2} g(t) f(t-\tau) dt = \lim_{T \to \infty} \dfrac{1}{T} \int_{-T/2}^{T/2} \int_{-\infty}^{\infty} h(\sigma) f(t-\sigma) d\sigma \cdot f(t-\tau) dt$

$\qquad = \int_{-\infty}^{\infty} h(\sigma) \cdot \lim_{T \to \infty} \dfrac{1}{T} \int_{-T/2}^{T/2} f(t-\sigma) f(t-\tau) dt d\sigma = \int_{-\infty}^{\infty} h(\sigma) \overline{R}_{ff}(\tau-\sigma) d\sigma$

よって，$h(\sigma)$ と $\overline{R}_{ff}(\sigma)$ のたたみ込みであるから，フーリエ変換すれば，

$$P_{gf}(\omega) = H(\omega) \cdot P_{ff}(\omega)$$

式(9.16)より，

$$H(\omega) = \frac{P_{gf}(\omega)}{P_{ff}(\omega)} \tag{9.17}$$

線形系の入出力間には，

$$G(\omega) = H(\omega)F(\omega) \tag{9.18}$$

という関係があるから，

$$H(\omega) = \frac{G(\omega)}{F(\omega)} \tag{9.19}$$

でもある．システム伝達関数が入出力信号の観測から求められることを示している．しかし，通常は式(9.17)が用いられる．それは出力の観測値に雑音が混入している場合の影響が回避されるからである（演習問題 9-3 を参照）．

―――――――――― 演習問題 9 ――――――――――

9-1 式(9.1)において信号 $s(t)$ が $m_0 \cos\omega_m t, 0 < m_0 < 1$ のとき，$F(\omega)$ を求めよ．

9-2 $f(t) = \sum_{n=1}^{\infty} a_n \cos(n\omega_0 t + \phi_n)$，$\omega_0 = \frac{2\pi}{T_0}$ の平均自己相関関数を求めよ．

9-3 図 9.4 に示すように，インパルス応答が $h(\tau)$ の線形システムに入力 $x(t)$ が加わり，それに対するシステムの出力が $y(t)$，それに観測雑音 $n(t)$ が加わったものが実際に得られる観測出力 $z(t)$ とする．このとき，以下の問に答えよ．ただし，$x(t)$ と $n(t)$ とは無相関とする．

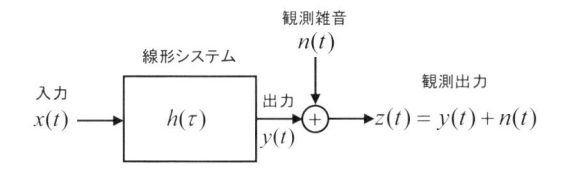

図 9.4 雑音を伴うシステムの入出力関係

(1) $z(t)$ を $x(t)$，$h(\tau)$ および $n(t)$ で示せ．
(2) $Z(\omega)$ を示せ．
(3) $x(t)$ と $z(t)$ の相互相関関数 $Rzx(\tau)$ を求めよ．
(4) 相互相関関数を求める利点について考察せよ．

9-4 式(9.11)のインパルス応答を持つ整合フィルタに信号 $s(t)$ が加わったときの出力はどうなるか．

9-5 図 9.5 のようにスピーカーA から音波 $f(t)$ が発せられ，空中を伝播してマイクロホン B に到達する．また，音波の一部は図に示すような反射板により一度反射してマイクロホンに到達する．したがって，マイクロホンの出力 $g(t)$ は直接波 $f_1(t)$ と反射波 $f_2(t)$ の和として表されるものとする．すなわち，$g(t) = f_1(t) + f_2(t)$ である．このとき次の問に答えよ．

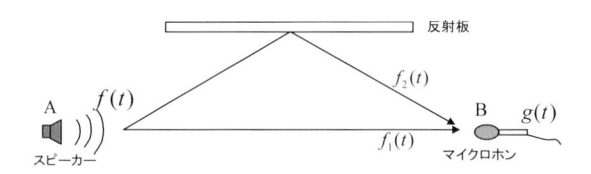

図 9.5 直接波と反射波

(1) A と B の距離を $L[m]$ とするとき，音波が A から B に到達するのに要する時間 Δt はいくらか．また $f_1(t)$ を $f(t)$ を用いて表せ．ただし，音速を $c[m/s]$ とし，伝播による音波の減衰は考えなくてよい．

(2) 反射波については A→反射板→B の伝播距離は $(L + \Delta L)[m]$ であるという．また反射係数は $a(0 < a < 1)$（反射した後の信号の大きさは a 倍になる）とする．このとき，$f_2(t)$ を $f(t)$ を用いて表せ．

(3) $g(t)$ のフーリエ変換 $G(\omega)$ を求めよ．ただし，$f(t)$ のフーリエ変換を $F(\omega)$ とする．

(4) $f(t)$ を入力，$g(t)$ を出力と考えたときのこの伝播系の周波数伝達特性 $H(\omega)$ を示せ．

9-6 インパルス応答が $h(\sigma)$ で与えられる線形システムに入力 $x(t)$ を加えたときの出力を $y(t)$ とする．

(1) $x(t) = e^{j\omega t}$ のとき，$y(t)$ がどうなるか示せ．

(2) $h(\sigma) = \delta(\sigma - T)$ （$T > 0$ は一定値）であるという．このとき，入力 $x(t)$ に対する出力 $y(t)$ はどうなるか．

(3) 入力 $x(t) = \delta(t)$ とするとき，出力はどうなるか．

9-7 $f(t) = h(t-10)$, $g(t) = h(t-20)$ のとき，$f(t)$ と $g(t)$ の相互相関関数を求めよ．

9-8 入力が $x(t)$，出力が $y(t)$ の線形システムがある．入出力は $T\dfrac{dy}{dt} + y(t) = x(t)$ の関係で与えられるという．

(1) システム伝達関数 $H(\omega)$ を求めよ．

(2) $x(t)$ が白色雑音 $\left(P_{xx}(\omega) = \sigma^2\right)$ であるとき，$y(t)$ のパワースペクトルを求めよ．

9-9 サンプリング周波数を $f_s[Hz]$ とする．正弦波 $\cos 2\pi f t$ を $f_s[Hz]$ でサンプルしたとき，$f = \dfrac{1}{2}f_s + f_0$ と $f = \dfrac{1}{2}f_s - f_0$ $(0 < f_0 < \dfrac{1}{2}f_s)$ とではまったく同じサンプル値系列になることを示せ．

9-10 問題 9-9 において，$\sin 2\pi f t$ の場合はどうか．

第10章

ラプラス変換

10.1 ラプラス変換とは

[定義 10.1]
　$0<t$ で定義された関数 $f(t)$ が，ある正の定数 σ_c に対して，

$$|f(t)| \leq K e^{\sigma_c t} \qquad (K\text{ はある定数}) \tag{10.1}$$

が成り立つとき，複素数 $s = \sigma + j\omega$ に対して次の積分

$$F(s) = \int_0^\infty f(t) e^{-st} dt \tag{10.2}$$

は $\sigma_c < \sigma$ となる s に対して絶対収束する．この $F(s)$ を $f(t)$ のラプラス変換(Laplace transform)といい，σ_c を収束座標 (abscissa of convergence)という．

[定義 10.2]
　ラプラス逆変換 (inverse Laplace transform)は次の式で定義される．

$$f(t) = \frac{1}{2\pi j} \int_{c-j\infty}^{c+j\infty} F(s) e^{st} ds, \qquad (0<t,\ \sigma_c < c) \tag{10.3}$$

　ラプラス変換では時間関数 $f(t)$ は正の時間領域 $0<t$ でのみ定義されていることに注意．以下では時間関数は $0<t$ の範囲でのみ考えることにする．ラプラ

ス変換とラプラス逆変換はそれぞれ $\mathcal{L}[\ ]$ と $\mathcal{L}^{-1}[\ ]$ で表す.

例題 10-1 ステップ関数のラプラス変換を求めよ.

［解］

$$\mathcal{L}[u(t)] = \int_0^\infty u(t)e^{-st}dt = \int_0^\infty e^{-st}dt = -\frac{1}{s}e^{-st}\bigg|_0^\infty = \frac{1}{s}$$

例題 10-2 $f(t) = e^{-at}$, (a は定数) のラプラス変換を求めよ.

［解］

$$\mathcal{L}[e^{-at}] = \int_0^\infty e^{-at}e^{-st}dt = \int_0^\infty e^{-(s+a)t}dt = -\frac{1}{s+a}e^{-(s+a)t}\bigg|_0^\infty = \frac{1}{s+a}$$

例題 10-3 次の関数のラプラス変換を求めよ.

(1) $\cos\omega t$ (2) $\sin\omega t$

［解］

(1) $\cos\omega t = \dfrac{e^{j\omega t} + e^{-j\omega t}}{2}$ であるから,

$$\mathcal{L}[\cos\omega t] = \mathcal{L}\left[\frac{e^{j\omega t} + e^{-j\omega t}}{2}\right] = \frac{1}{2}\mathcal{L}[e^{j\omega t} + e^{-j\omega t}] = \frac{1}{2}\left\{\frac{1}{s-j\omega} + \frac{1}{s+j\omega}\right\} = \frac{s}{s^2+\omega^2}$$

(2) $\sin\omega t = \dfrac{e^{j\omega t} - e^{-j\omega t}}{2j}$ であるから,

$$\mathcal{L}[\sin\omega t] = \mathcal{L}\left[\frac{e^{j\omega t} - e^{-j\omega t}}{2j}\right] = \frac{1}{2j}\mathcal{L}[e^{j\omega t} - e^{-j\omega t}] = \frac{1}{2j}\left\{\frac{1}{s-j\omega} - \frac{1}{s+j\omega}\right\} = \frac{\omega}{s^2+\omega^2}$$

例題 10-4 $f(t) = t$ のラプラス変換を求めよ.

［解］

$$F(s) = \int_0^\infty te^{-st}dt = \left[-\frac{te^{-st}}{s}\right]_0^\infty + \frac{1}{s}\int_0^\infty e^{-st}dt = \frac{1}{s^2}$$

10.2 ラプラス変換の性質

［定理 10.1］
(1) 線形性：c_1 および c_2 を定数とすると，
$$\mathcal{L}[c_1 f_1(t) + c_2 f_2(t)] = c_1 F_1(s) + c_2 F_2(s) \tag{10.4}$$
(2) 微分定理
$$\mathcal{L}\left[\frac{df}{dt}\right] = sF(s) - f(0+) \tag{10.5}$$
さらに，
$$\mathcal{L}\left[\frac{d^2 f}{dt^2}\right] = s^2 F(s) - sf(0+) - f'(0+) \tag{10.6}$$
(3) 積分定理
$$\mathcal{L}\left[\int_{-\infty}^{t} f(\tau)d\tau\right] = \frac{1}{s} F(s) + \frac{1}{s} f^{-1}(0+) \tag{10.7}$$
ただし，$f^{-1}(0+)$ は $\int_{-\infty}^{t} f(\tau)d\tau$ の $t = 0+$ における値．

(4) 初期値定理
$$\lim_{s \to \infty} sF(s) = f(0+) \tag{10.8}$$

(5) 最終値定理
$$\lim_{s \to 0} sF(s) = \lim_{t \to \infty} f(t) \tag{10.9}$$

(6) 遅延：正の定数 τ に対して，
$$\mathcal{L}[f(t-\tau)] = e^{-\tau s} F(s) \tag{10.10}$$
ただし，$f(t-\tau) = 0, 0 \le t < \tau$ とする．

(7) $e^{-at} f(t)$ のラプラス変換
$$\mathcal{L}[e^{-at} f(t)] = F(s+a) \tag{10.11}$$

(8) たたみ込み

$$\mathcal{L}\left[\int_0^\infty f_1(\tau)f_2(t-\tau)d\tau\right] = F_1(s)F_2(s) \tag{10.12}$$

(9) s による微分

$$\frac{dF(s)}{ds} = -\mathcal{L}[tf(t)] \tag{10.13}$$

(10) $\mathcal{L}[\delta(t)] = 1 \tag{10.14}$

(11) $\mathcal{L}[u(t)] = \dfrac{1}{s} \tag{10.15}$

例題 10-5 定理 10.1 の(1), (2), (4), (9), (10)を証明せよ.

［解］

(1)
$$\mathcal{L}[c_1f_1(t)+c_2f_2(t)] = \int_0^\infty [c_1f_1(t)+c_2f_2(t)]e^{-st}dt = c_1\int_0^\infty f_1(t)e^{-st}dt + c_2\int_0^\infty f_2(t)e^{-st}dt$$
$$= c_1F_1(s)+c_2F_2(s)$$

(2)
$$\mathcal{L}\left[\frac{df}{dt}\right] = \int_0^\infty \frac{df(t)}{dt}e^{-st}dt = \left[f(t)e^{-st}\right]_0^\infty + s\int_0^\infty f(t)e^{-st}dt = sF(s)-f(0+)$$

同様にして, $g(t) = \dfrac{df(t)}{dt}$ とおくと,

$$\mathcal{L}\left[\frac{d^2f}{dt^2}\right] = \int_0^\infty \frac{dg(t)}{dt}e^{-st}dt = sG(s)-g(0+) = s[sF(s)-f(0+)]-f'(0+)$$
$$= s^2F(s)-sf(0+)-f'(0+)$$

(4) 微分定理において $s\to\infty$ とすれば,

$$\lim_{s\to\infty}\int_0^\infty \frac{df(t)}{dt}e^{-st}dt = \lim_{s\to\infty}[sF(s)-f(0+)]$$

左辺は 0 となるから, $\displaystyle\lim_{s\to\infty}sF(s) = f(0+)$

(9) ラプラス変換の定義式(10.2)を s について微分し, 微分と積分の順序を入れ替えると,

$$\frac{dF(s)}{ds} = \frac{d}{ds}\int_0^\infty f(t)e^{-st}dt = \int_0^\infty f(t)\frac{d}{ds}e^{-st}dt = -\int_0^\infty tf(t)e^{-st}dt = -\mathcal{L}[tf(t)]$$

(10) $\delta(t)$ の $t=0$ の部分が積分範囲に入るかどうかの微妙な問題を含むが，次のようにすればよい．

$$\mathcal{L}[\delta(t)] = \lim_{\tau \to 0}\mathcal{L}[\delta(t-\tau)] = \lim_{\tau \to 0}\int_0^\infty \delta(t-\tau)e^{-st}dt = \lim_{\tau \to 0}e^{-s\tau} = 1$$

代表的な関数とそのラプラス変換との関係を「付録」の表に示す．ラプラス変換およびラプラス逆変換にはこの表を用いるとよい．

10.3 ラプラス逆変換

関数 $F(s)$ は一般には有利関数であるから，$P(s)$ と $Q(s)$ をそれぞれ s の m 次式と n 次式とすると，

$$F(s) = \frac{P(s)}{Q(s)} \tag{10.16}$$

と表せる．一般に $m \leq n$ である．$Q(s)=0$ の根が単根のみのときと，重根を含むときとに分けてラプラス逆変換を考える．

(1) $Q(s)=0$ の根が単根のみの場合

単根を $s_1, s_2, \cdots s_n$ とすると，$F(s)$ は次のように部分分数に展開できる．

$$F(s) = \frac{c_1}{s-s_1} + \frac{c_2}{s-s_2} + \cdots + \frac{c_n}{s-s_n} \tag{10.17}$$

ただし，

$$c_k = \left[(s-s_k)F(s)\right]_{s=s_k}, \qquad k=1,2,\cdots,n \tag{10.18}$$

式(10.17)の右辺の各項は，例題 10-2 の結果から指数関数のラプラス変換に対応するから，

$$f(t) = c_1 e^{s_1 t} + c_2 e^{s_2 t} + \cdots + c_n e^{s_n t} \tag{10.19}$$

(2) $Q(s)=0$ の根が重根を含む場合

一般には $Q(s)=0$ の重根が複数個ある場合を考える必要があるが，1 つのときの方法を敷衍することができるので，$s=s_0$ という p 重根が 1 つと q 個の単

根 $s_1, s_2, \cdots s_q$ から成る場合を考える．$p+q=n$ である．この場合，次のように部分分数に展開できる．

$$F(s) = \frac{c_{01}}{(s-s_0)^p} + \frac{c_{02}}{(s-s_0)^{p-1}} + \cdots + \frac{c_{0p}}{s-s_0} + \frac{c_1}{s-s_1} + \frac{c_2}{s-s_2} + \cdots + \frac{c_q}{s-s_q} \tag{10.20}$$

これより次式を得る．

$$f(t) = \frac{c_{01}}{(p-1)!} t^{p-1} e^{s_0 t} + \frac{c_{02}}{(p-2)!} t^{p-2} e^{s_0 t} + \cdots + c_{0p} e^{s_0 t} + c_1 e^{s_1 t} + c_2 e^{s_2 t} + \cdots + c_q e^{s_q t}$$

$$\tag{10.21}$$

例題 10-6 次の関数のラプラス変換を求めよ．
(1) $e^{-at} \cos \omega t$　　(2) $e^{-at} \sin \omega t$

［解］
(1) 例題 10-3 で得られた $\cos \omega t$ のラプラス変換と，定理 10.1 の(7)を用いると，

$$\mathcal{L}[e^{-at} \cos \omega t] = \mathcal{L}[\cos \omega t]_{s=s+a} = \frac{s+a}{(s+a)^2 + \omega^2} \tag{10.22}$$

(2) 同様に，$\sin \omega t$ のラプラス変換において $s \to s+a$ の置換えを行えば，

$$\mathcal{L}[e^{-at} \sin \omega t] = \mathcal{L}[\sin \omega t]_{s=s+a} = \frac{\omega}{(s+a)^2 + \omega^2} \tag{10.23}$$

【注】 これらの結果から，ラプラス逆変換を行う目的で部分分数に展開するとき，単根であっても互いに共役な関係にあるものどうしを式(10.22)あるいは式(10.23)のようにまとめれば，逆変換がより簡単になる．

なお，ラプラス逆変換は一般には定義式(10.3)の積分を複素平面上の閉路積分に置き換え，$F(s)$ の極における留数の和として求められることが示される．

10.4　微分方程式の解法への応用

微分定理を用いると，微分方程式の解を簡単に求めることができる．具体的な例として，

$$\frac{d^2 y(t)}{dt^2} + a \frac{dy(t)}{dt} + by(t) = x(t) \tag{10.24}$$

を解くことを考える．両辺をラプラス変換すれば，

$$\left[s^2 Y(s) - sy(0) - y'(0)\right] + a\left[sY(s) - y(0)\right] + bY(s) = X(s)$$

となる．$Y(s)$ について代数的に解けば，

$$Y(s) = \frac{X(s)}{s^2 + as + b} + \frac{(s+a)y(0) + y'(0)}{s^2 + as + b} \tag{10.25}$$

となる．右辺の第二項は初期値によって決まる項で，これを含めてラプラス逆変換すれば微分方程式の解となる．

一般に n 階微分方程式

$$\frac{d^n y}{dt^n} + a_1 \frac{d^{n-1} y}{dt^{n-1}} + \cdots + a_{n-1} \frac{dy}{dt} + a_n y = b_0 \frac{d^m x}{dt^m} + b_1 \frac{d^{m-1} x}{dt^{m-1}} + \cdots + b_{m-1} \frac{dx}{dt} + b_m x \tag{10.26}$$

の場合にも，「付録」に示す n 階微分のラプラス変換を用いて同様に解くことができる．

例題 10-7 式(10.24)において，$a = 3, b = 2$ とし，初期値がすべて 0 で，入力 $x(t)$ が $\delta(t)$ の場合の解を求めよ．

［解］

式(10.25)右辺の第二項は 0 であるから，第一項だけを考えればよい．$X(s) = 1$ であるから，$Y(s) = \dfrac{1}{s^2 + 3s + 2} = \dfrac{1}{s+1} - \dfrac{1}{s+2}$ となり，

$$y(t) = e^{-t} - e^{-2t}$$

となる．入力がデルタ関数の場合の出力であるから，$y(t)$ はシステムのインパルス応答そのものである．

なお，$x(t)$ が入力，$y(t)$ が出力と考えたとき，初期値をすべて 0 としたときの

$$G(s) = \frac{Y(s)}{X(s)} \tag{10.27}$$

を伝達関数と呼ぶ．これはインパルス応答のラプラス変換に他ならない．式(10.24)の場合の伝達関数は，

$$G(s) = \frac{1}{s^2 + as + b} \tag{10.28}$$

式(10.26)の場合の伝達関数は,

$$G(s) = \frac{b_0 s^m + b_1 s^{m-1} + \cdots b_{m-1} s + b_m}{s^n + a_1 s^{n-1} + \cdots a_{n-1} s + a_n} \tag{10.29}$$

となる.

> [定理 10.2]
> 　複数個のシステムが図 10.1 のように直列に接続している場合,それぞれの伝達関数を $G_1(s), G_2(s), \cdots, G_k(s)$ としたとき,それは一つの等価なシステムで置き換えられ,その伝達関数 $G(s)$ は次のようになる.
>
> $$G(s) = G_1(s) G_2(s) \cdots G_k(s) \tag{10.30}$$
>
> 図 10.1　直列結合

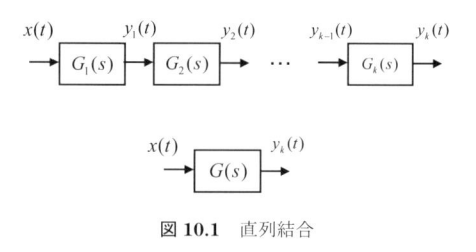

10.5　フーリエ変換との関係

ラプラス変換の定義式を変形すると,$s = \sigma + j\omega$, かつ $\sigma > 0$ であるから,

$$F(s) = \int_0^\infty f(t) e^{-st} dt = \int_0^\infty f(t) e^{-(\sigma + j\omega)t} dt = \int_0^\infty f(t) e^{-\sigma t} e^{-j\omega t} dt$$
$$= \int_{-\infty}^\infty \left[f(t) e^{-\sigma t} u(t) \right] e^{-j\omega t} dt$$

となり,$f(t) e^{-\sigma t} u(t)$ のフーリエ変換とみなすことができる. $t > 0$ では $e^{-\sigma t}$ は,$\sigma > 0$ であるから,関数 $f(t)$ を指数的に減衰させる効果がある.フーリエ変換が定義されるためには関数が絶対可積分である必要があるが,正弦波やステップ関数はこの条件を満足しない.それらのフーリエ変換にデルタ関数のような

超関数が現れるのはそのためといってよい．それに対してラプラス変換では，指数的な減衰項が含まれているためにそれらの積分が発散せずに収束する．正弦波やステップ関数に限らず，フーリエ変換は定義できないような関数でも，その一部に対してはラプラス変換が定義できる．ラプラス変換が定義できる関数の範囲はフーリエ変換よりも一般的に広いと考えてよい．ただし，ラプラス変換の積分域は正の範囲に限られており，負の時間領域での関数の値が考慮されないことから，フーリエ変換とは基本的に異なるものといえる．

―――― 演習問題 10 ――――

10-1 定理 10.1 の(3), (5), (6), (7), (8)を証明せよ．

10-2 次の関数のラプラス変換を求めよ．

(1) $1+t+t^2+t^3$ (2) te^{-at} (3) $\cos(\omega t+\theta)$ (4) $f(at),\ a>0$

10-3 次の関数のラプラス変換を求めよ．

(1) $f(t)=\begin{cases}1, 1<t<2\\0, その他\end{cases}$ (2) $g(t)=\begin{cases}1, 1<t<2\\-1, 2<t<3\\0, その他\end{cases}$

10-4 次の関数のラプラス逆変換を求めよ．

(1) 10 (2) $\dfrac{2}{s(s+2)}$ (3) $\dfrac{8}{s^3(s+2)}$ (4) $\dfrac{s+1}{s^2+2s+5}$

10-5 ラプラス逆変換を用いて，$a=3, b=2$ のときの式(10.24)で与えられるシステムへ単位ステップ入力を加えたときの出力(ステップ応答)を求めよ．初期値はすべて 0 とする．

10-6 演習問題 7-6 において，次のような入力電圧を加えた．

$$v_i(t)=\begin{cases}0, -\infty<t<0\\1, 0<t<T\\0, T<t<\infty\end{cases}$$

ただし，T は RC に比べて十分大きいな値とする．このとき，次の区間の出力電圧をラプラス変換を用いて求めよ．

(1) $0<t<T$ (2) $T<t<\infty$

10-7 定理 10.2 を証明せよ．

10-8 2つのシステム S_1 と S_2 に対する入力 $x_i(t)$ と出力 $y_i(t)$ との関係が，次の微分方程式で与えられるという．

$$T_i\frac{dy_i}{dt}+y_i(t)=A_ix_i(t),\qquad i=1,2$$

T_i と A_i は定数である．このとき，次の問に答えよ．

(1) それぞれのシステムのインパルス応答 $h_i(t)$ を求めよ．
(2) それぞれのシステムのステップ応答 $g_i(t)$ を求めよ．
(3) 図 10.2(1)と(2)に示すように，2つのシステムの結合の順序を変えた2つのシステムを考えたとき，両者の伝達関数は等しいことを示せ．
(4) 図 10.2 に示す直列結合したシステムのステップ応答を求めよ．

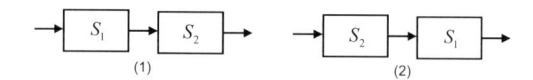

図 **10.2** 直列結合の順序

付　録

各種公式

A1　三角関数の公式

$$\sin(\alpha+\beta) = \sin\alpha\cos\beta + \cos\alpha\sin\beta$$
$$\cos(\alpha+\beta) = \cos\alpha\cos\beta - \sin\alpha\sin\beta$$
$$\tan(\alpha+\beta) = \frac{\tan\alpha + \tan\beta}{1 - \tan\alpha\tan\beta}$$

$$\sin A \sin B = -\frac{1}{2}\{\cos(A+B) - \cos(A-B)\}$$
$$\sin A \cos B = \frac{1}{2}\{\sin(A+B) + \sin(A-B)\}$$
$$\cos A \sin B = \frac{1}{2}\{\sin(A+B) - \sin(A-B)\}$$
$$\cos A \cos B = \frac{1}{2}\{\cos(A+B) + \cos(A-B)\}$$

$$\sin A + \sin B = 2\sin\frac{A+B}{2}\cos\frac{A-B}{2}$$
$$\sin A - \sin B = 2\cos\frac{A+B}{2}\sin\frac{A-B}{2}$$

$$\cos A + \cos B = 2\cos\frac{A+B}{2}\cos\frac{A-B}{2}$$

$$\cos A - \cos B = -2\sin\frac{A+B}{2}\sin\frac{A-B}{2}$$

$$\sin 2\theta = 2\sin\theta\cos\theta$$

$$\cos 2\theta = 2\cos^2\theta - 1 = 1 - 2\sin^2\theta$$

$$\tan 2\theta = \frac{2\tan\theta}{1-\tan^2\theta}$$

$$\sin 3\theta = -4\sin^3\theta + 3\sin\theta$$

$$\cos 3\theta = 4\cos^3\theta - 3\cos\theta$$

$$e^{j\theta} = \cos\theta + j\sin\theta$$
$$e^{-j\theta} = \cos\theta - j\sin\theta$$

（オイラーの公式）

A2　フーリエ級数展開

$f(t)$ が周期 T の周期関数のとき

$$f(t) = \frac{1}{2}a_0 + \sum_{n=1}^{\infty}\{a_n\cos(n\omega_0 t) + b_n\sin(n\omega_0 t)\} \quad \text{ただし,} \quad \omega_0 = 2\pi/T$$

$$a_n = \frac{2}{T}\int_{-T/2}^{T/2} f(t)\cos(n\omega_0 t)dt \qquad n = 0,\ 1,\ 2,\ \cdots$$

$$b_n = \frac{2}{T}\int_{-T/2}^{T/2} f(t)\sin(n\omega_0 t)dt \qquad n = 1,\ 2,\ \cdots$$

あるいは

$$f(t) = \sum_{n=-\infty}^{\infty} c_n e^{jn\omega_0 t} \qquad (n=\text{整数}) \quad \text{ただし,} \quad \omega_0 = 2\pi/T$$

$$c_n = \frac{1}{T}\int_{-T/2}^{T/2} f(t)e^{-jn\omega_0 t}dt$$

A3　フーリエ変換の性質

$f(t)$	$F(\omega)$
$c_1 f_1(t) + c_2 f_2(t)$	$c_1 F_1(\omega) + c_2 F_2(\omega)$
$f(at)$	$\dfrac{1}{|a|} F\left(\dfrac{\omega}{a}\right)$
$f(-t)$	$F(-\omega)$
$f(t-t_0)$	$F(\omega) e^{-jt_0 \omega}$
$f(t) e^{j\omega_0 t}$	$F(\omega - \omega_0)$
$f(t) \cos \omega_0 t$	$\dfrac{1}{2}\left[F(\omega - \omega_0) + F(\omega + \omega_0)\right]$
$f(t) \sin \omega_0 t$	$\dfrac{1}{2j}\left[F(\omega - \omega_0) - F(\omega + \omega_0)\right]$
$F(t)$	$2\pi f(-\omega)$
$\dfrac{df(t)}{dt}$	$j\omega F(\omega)$
$\displaystyle\int_{-\infty}^{t} f(x)\, dx$	$\dfrac{1}{j\omega} F(\omega) + \pi F(0) \delta(\omega)$
$f_1(t) * f_2(t)$	$F_1(\omega) F_2(\omega)$

$f_1(t)f_2(t)$	$\dfrac{1}{2\pi}F_1(\omega)*F_2(\omega)$
$e^{-\alpha t}u(t)\quad(\alpha>0)$	$\dfrac{1}{\alpha+j\omega}$
$\exp(-\alpha|t|)\quad(\alpha>0)$	$\dfrac{2\alpha}{\alpha^2+\omega^2}$
$\mathrm{rect}(t)$	$\dfrac{\sin(\omega/2)}{(\omega/2)}=\mathrm{sinc}\left(\dfrac{\omega}{2}\right)$
e^{-t^2}	$\sqrt{\pi}\exp\left[-\dfrac{\omega^2}{4}\right]$
$\delta(t)$	1
$\delta(t-t_0)$	$e^{-jt_0\omega}$
$\delta'(t)$	$j\omega$
$u(t)$	$\dfrac{1}{j\omega}+\pi\delta(\omega)$
$e^{j\omega_0 t}$	$2\pi\delta(\omega-\omega_0)$
$\cos\omega_0 t$	$\pi[\delta(\omega-\omega_0)+\delta(\omega+\omega_0)]$
$\sin\omega_0 t$	$-j\pi[\delta(\omega-\omega_0)-\delta(\omega+\omega_0)]$

$\delta_T(t) = \sum_{n=-\infty}^{\infty} \delta(t-nT)$	$\omega_0 \sum_{n=-\infty}^{\infty} \delta(t-n\omega_0)$ ただし, $\omega_0 = \dfrac{2\pi}{T}$
$-jtf(t)$	$F'(\omega)$

A4　デルタ関数と単位階段関数の性質

$\int_{-\infty}^{\infty} f(t)\delta(t)dt = f(0)$

$\int_{-\infty}^{\infty} \delta(t)dt = 1$

$\int_{-\infty}^{\infty} \delta(t-t_0)dt = 1$

$\int_{-\infty}^{\infty} f(t)\delta(t-t_0)dt = f(t_0)$

$f(t)\delta(t-t_0) = f(t_0)\delta(t-t_0)$

$\int_{-\infty}^{\infty} f(t)\delta(at)dt = \dfrac{1}{|a|}f(0)$

$\delta(at) = \dfrac{1}{|a|}\delta(t)$ 　　特に, 　$\delta(-t) = \delta(t)$ 　（偶関数）

$\int_{-\infty}^{\infty} f(t)\delta'(t)dt = -f'(0)$ 　　　　（$f(t)$ が微分可能な関数なら）

$\delta(t) = \dfrac{1}{2\pi} \int_{-\infty}^{\infty} e^{j\omega t}d\omega$

$f(t) * \delta(t-t_0) = f(t-t_0)$

$\int_{-\infty}^{\infty} f(t)u(t)dt = \int_{0}^{\infty} f(t)dt$

$\dfrac{du(t)}{dt} = \delta(t)$

A5　たたみ込み積分と相関関数

$$f_1(t) * f_2(t) = \int_{-\infty}^{\infty} f_1(x) f_2(t-x) dx \qquad t : パラメータ$$

$$R_{12}(\tau) = \int_{-\infty}^{\infty} f_1(t) f_2^*(t-\tau) dt$$

$$\int_{-\infty}^{\infty} |f(t)|^2 dt = \frac{1}{2\pi} \int_{-\infty}^{\infty} |F(\omega)|^2 d\omega \qquad f(t)は実関数 \quad (パーシバルの定理)$$

$$\mathcal{F}[R(\tau)] = |F(\omega)|^2 \qquad (ウィナー-キンチンの定理)$$

A6　ラプラス変換の公式

$f(t)$	$F(s)$
$c_1 f_1(t) + c_2 f_2(t)$	$c_1 F_1(s) + c_2 F_2(s)$
$f(at)$	$\dfrac{1}{a} F\left(\dfrac{s}{a}\right)$
$t^n f(t)$	$(-1)^n \dfrac{d^n F(s)}{ds^n}$
$f(t - t_0)$	$e^{-t_0 s} F(s)$
$e^{at} f(t)$	$F(s-a)$
$f'(t)$	$sF(s) - f(0+)$

A6 ラプラス変換の公式

$f^{(n)}(t)$	$s^n F(s) - \sum_{r=0}^{n-1} s^{n-r-1} f^{(r)}(0+)$
$\int_{-\infty}^{t} f(x)dx$	$\dfrac{1}{s}F(s) + \dfrac{1}{s}f^{-1}(0+)$
$e^{-\alpha t} u(t)$	$\dfrac{1}{s+\alpha}$
$\delta(t)$	1
$\delta(t - t_0)$	$e^{-t_0 s}$
$u(t)$	$\dfrac{1}{s}$
$\cos \omega t$	$\dfrac{s}{s^2 + \omega^2}$
$\sin \omega t$	$\dfrac{\omega}{s^2 + \omega^2}$
$e^{-at} \cos \omega t$	$\dfrac{s+a}{(s+a)^2 + \omega^2}$
$e^{-at} \sin \omega t$	$\dfrac{\omega}{(s+a)^2 + \omega^2}$
$\cosh \omega t$	$\dfrac{s}{s^2 - \omega^2}$
$\sinh \omega t$	$\dfrac{\omega}{s^2 - \omega^2}$

t	$\dfrac{1}{s^2}$
$\dfrac{1}{n!}t^n$	$\dfrac{1}{s^{n+1}}$
te^{-at}	$\dfrac{1}{(s+a)^2}$
$\dfrac{t^{n-1}}{(n-1)!}e^{-at}$	$\dfrac{1}{(s+a)^n}$

演習問題 解答

第 1 章

1-1 (1) $\sin 6\theta + \sin 2\theta$　　(2) $\cos 4\theta + \cos 2\theta$　　(3) $\cos 2\theta - \cos 4\theta$

1-2 (1) $\pm\dfrac{\sqrt{3}}{2}$　　(2) $-1/2$　　(3) $\mp\sqrt{3}$　　(4) $1/4$　　(5) $3/4$　　(6) $1/3$　　(7) 0　　(8) -1

1-3 (1) $\sin\left(\omega t + \dfrac{\pi}{4}\right)$　　(2) $2\sin\left(\omega t - \dfrac{\pi}{3}\right)$　　(3) $5\sin(\omega t + \theta)$　$\left(\theta = \tan^{-1}\dfrac{3}{4}\right)$

1-4 (1) $\sqrt{2}\cos\left(\omega t - \dfrac{\pi}{4}\right)$　　(2) $\cos\left(\omega t + \dfrac{\pi}{6}\right)$　　(3) $2\cos\left(\omega t - \dfrac{\pi}{3}\right)$

1-5 (1) 6π　　(2) 4π　　(3) k　　(4) $\pi/3$

1-6 (1) $\sin 2\pi t$ の周期は 1, $\cos 4\pi t$ のそれは 0.5. したがって, 基本周期は 1.

(2) 非周期関数. $\sin\sqrt{2}t$ の周期は $\sqrt{2}\pi$, $\sin\sqrt{3}t$ の周期は $2\pi/\sqrt{3}$. それぞれ無理数である. いま $f(t)$ の基本周期 T は $\sqrt{2}\pi$ と $2\pi/\sqrt{3}$ の最小公倍数だから, m,n を整数として,
$$m = T/(\sqrt{2}\pi),\ n = T/(2\pi/\sqrt{3}).\ \text{したがって,}\ \frac{m}{n} = \frac{T/\sqrt{2}\pi}{T/(2\pi/\sqrt{3})} = \frac{\sqrt{2}}{\sqrt{3}}\ \text{となり, 左辺は有理数, 右辺は無理数となって矛盾する. つまり最小公倍数}\ T\ \text{は存在しない.}$$

(3) $f(t) = \cos\omega_0 t \cdot \sin 5\omega_0 t = \dfrac{1}{2}[\sin 6\omega_0 t + \sin 4\omega_0 t]$
$\pi/3\omega_0$ と $\pi/2\omega_0$ の最小公倍数より, 基本周期は π/ω_0.

1-7 (1) $f(t) = (\sin 3t - \sin t)/2$, 2π, $2\pi/3$ の最小公倍数より, 2π.

(2) $\sin^2 t = (1 - \cos 2t)/2$, したがって $T = \pi$.

(3) $\sin^3 t = (3\sin t - \sin 3t)/4$, したがって 2π.

1-8 $t - a = x$ とおくと, $\displaystyle\int_{a-T/2}^{a+T/2} f(t)dt = \int_{-T/2}^{+T/2} f(x+a)dx$

n を整数として, $a = nT + a'$ $(-T/2 \leq a' < T/2)$ とおくと
$f(x+a) = f(x + nT + a') = f(x + a')$ なので,

演習問題 解答

$$\int_{a-T/2}^{a+T/2} f(t)dt = \int_{-T/2}^{+T/2} f(x+a')dx = \int_{a'-T/2}^{a'+T/2} f(t')dt' \qquad x+a'=t' \text{ とおく}$$

$$= \int_{a'-T/2}^{-T/2} f(t')dt' + \int_{-T/2}^{a'+T/2} f(t')dt'$$

前式の第一項で，$t'+T=t$ とおく．

$$= \int_{a'+T/2}^{T/2} f(t-T)dt + \int_{-T/2}^{a'+T/2} f(t')dt' = \int_{a'+T/2}^{T/2} f(t)dt + \int_{-T/2}^{a'+T/2} f(t)dt = \int_{-T/2}^{+T/2} f(t)dt$$

1-9 $f(at) = f(at+nT) = f\left[a\left(t+\dfrac{nT}{a}\right)\right]$ 　　周期は $\dfrac{T}{a}$

1-10 (1) -10 　(2) $1+j\sqrt{3}$ 　(3) $-1+j$ 　(4) $-\sqrt{3}+j$ 　(5) $-j$ 　(6) -1

(7) $\dfrac{1}{\sqrt{2}}+j\dfrac{1}{\sqrt{2}}$ 　(8) 0 　(9) -1

1-11 (1) $e^{j\frac{3\pi}{2}}$ 　(2) $\sqrt{2}e^{j\frac{\pi}{4}}$ 　(3) $2e^{j\frac{\pi}{3}}$ 　(4) $2e^{-j\frac{\pi}{6}}$ 　(5) $\left(\sqrt{3}-j\right)/4 = e^{-j\frac{\pi}{6}}/2$

(6) $e^{j\frac{\pi}{2}}/2$ 　(7) $e^{-j a\omega}$ 　(8) $(1-j)/2 = e^{-j\frac{\pi}{4}}/\sqrt{2}$

1-12 (1) $1+j = \sqrt{2}e^{j\frac{\pi}{4}}$ 　(2) $e^{-j\frac{\pi}{6}}/e^{j\frac{\pi}{6}} = e^{-j\frac{\pi}{3}}$ 　(3) $4e^{j\frac{2\pi}{3}}$ 　(4) $e^{j\frac{\pi}{2}}$

(5) $4\left(\dfrac{1-j\sqrt{3}}{2}\right)^2 = 4\left(e^{-j\frac{\pi}{3}}\right)^2 = 4e^{-j\frac{2\pi}{3}}$

1-13 (1) $50 + \dfrac{17}{25} - j\dfrac{19}{25}$ 　(2) $1,\ e^{j\frac{\pi}{3}},\ e^{j\frac{2\pi}{3}},\ -1,\ e^{j\frac{4\pi}{3}},\ e^{j\frac{5\pi}{3}}$ 　(3) $j(2n+1)\pi$

(4) $e^{j\frac{\pi}{6}},\ e^{j\frac{5\pi}{6}},\ e^{j\frac{3\pi}{2}}$

1-14 (1) $e^{j\cdot 0} + e^{j\frac{4\pi}{3}} + e^{j\frac{2\pi}{3}} = 0$ 　$\therefore f(t) = 0$ 　(2) $e^{j\frac{\pi}{4}} + e^{-j\frac{\pi}{4}} = \sqrt{2}$ 　$\therefore f(t) = \sqrt{2}\cos\omega t$

(3) $\dfrac{1}{\sqrt{2}} - j\cdot e^{-j\frac{\pi}{4}} = \dfrac{1}{\sqrt{2}}e^{-j\frac{\pi}{2}}$ 　$\therefore f(t) = \dfrac{1}{\sqrt{2}}\cos\left(t-\dfrac{\pi}{2}\right) = \dfrac{1}{\sqrt{2}}\sin t$

1-15 $2 + 2e^{-j\frac{\pi}{3}} = 2\sqrt{3}\, e^{-j\frac{\pi}{6}}$ 　$\therefore i_1 + i_2 = 2\sqrt{3}\cos\left(\omega t - \dfrac{\pi}{6}\right)$

図 A1.1 に複素平面上での解を示す．

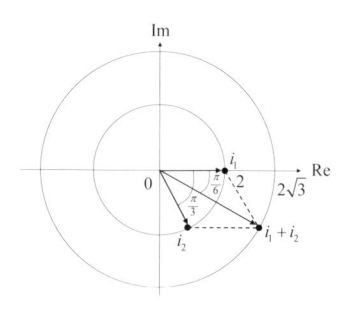

図 A1.1 問題 1-15 の答

1-16 (1) どちらでもない 　(2) 奇関数 　(3) 偶関数 　(4) 偶関数

(5) $\sin\left(t+\dfrac{\pi}{4}\right)\cos\left(t+\dfrac{\pi}{4}\right)=\dfrac{1}{2}\sin\left(2t+\dfrac{\pi}{2}\right)=\dfrac{1}{2}\cos 2t$　偶関数

(6) $\sin\left(t+\dfrac{\pi}{4}\right)+\cos\left(t+\dfrac{\pi}{4}\right)=\sqrt{2}\cos t$　偶関数

1-17 $y(-t)=x(-t)-x(-(-t))=x(-t)-x(t)=-y(t)$　よって奇関数

1-18 (1) $f(t)\cos\omega t$ は偶関数　(2) $f(t)\sin\omega t$ は奇関数なので定理 1.4 より題意を得る．

第 2 章

2-1 図 A2.1 に $f(t)$ を示す．

$$a_0=\dfrac{2}{T}\int_0^T\dfrac{t}{T}dt=\dfrac{2}{T}\left[\dfrac{t^2}{2T}\right]_0^T=1$$

$$a_n=\dfrac{2}{T}\int_0^T\dfrac{t}{T}\cos(n\omega_0 t)dt=\dfrac{2}{T}\left\{\left[\dfrac{t\sin(n\omega_0 t)}{Tn\omega_0}\right]_0^T-\int_0^T\dfrac{\sin(n\omega_0 t)}{Tn\omega_0}dt\right\}$$

$$=\dfrac{2}{T}\left\{\left[\dfrac{t\sin(n\omega_0 t)}{2\pi n}\right]_0^T+\left[\dfrac{\cos(n\omega_0 t)}{T(n\omega_0)^2}\right]_0^T\right\}=0$$

$$b_n=\dfrac{2}{T}\int_0^T\dfrac{t}{T}\sin(n\omega_0 t)dt=\dfrac{2}{T}\left\{\left[-\dfrac{t\cos(n\omega_0 t)}{Tn\omega_0}\right]_0^T+\int_0^T\dfrac{\cos(n\omega_0 t)}{Tn\omega_0}dt\right\}$$

$$=\dfrac{2}{T}\left\{-\dfrac{T}{2n\pi}+\left[\dfrac{\sin(n\omega_0 t)}{T(n\omega_0)^2}\right]_0^T\right\}=-\dfrac{1}{n\pi}$$

$$f(t)=\dfrac{1}{2}-\dfrac{1}{\pi}\sum_{n=1}^{\infty}\dfrac{\sin(n\omega_0 t)}{n}$$

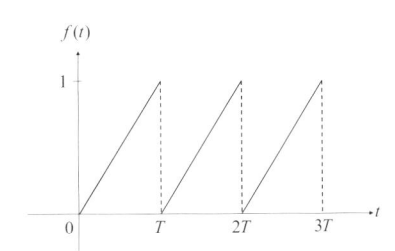

図 **A2.1**　問題 2-1 の関数

2-2 $f(t)=\begin{cases}1+\dfrac{4}{T}t & \left(-\dfrac{T}{2}<t\leq 0\right)\\[4pt]1-\dfrac{4}{T}t & \left(0\leq t<\dfrac{T}{2}\right)\end{cases}$

$f(t)$ は偶関数．よって，$b_n=0$

$$\frac{1}{2}a_0 = \frac{1}{T}\int_{-T/2}^{T/2} f(t)dt = 0$$

$$a_n = \frac{4}{T}\int_0^{T/2} f(t)\cos(n\omega_0 t)dt = \frac{4}{T}\int_0^{T/2}\left(1-\frac{4}{T}t\right)\cos(n\omega_0 t)dt = \frac{4}{T}\int_0^{T/2}\cos(n\omega_0 t)dt - \frac{16}{T^2}\int_0^{T/2} t\cos(n\omega_0 t)dt$$

$$= \frac{4}{n\omega_0 T}\left[\sin(n\omega_0 t)\right]_0^{T/2} - \frac{16}{T^2}\left\{\left[\frac{t\sin(n\omega_0 t)}{n\omega_0}\right]_0^{T/2} - \int_0^{T/2}\frac{\sin(n\omega_0 t)}{n\omega_0}dt\right\}$$

$$= \frac{4}{n^2\pi^2}(1-\cos n\pi)$$

$\cos n\pi = (-1)^n$ であるから

$$a_n = \begin{cases} 0 & (n:\text{偶数}) \\ \dfrac{8}{n^2\pi^2} & (n:\text{奇数}) \end{cases}$$

したがって，$\displaystyle f(t) = \frac{8}{\pi^2}\left(\cos\omega_0 t + \frac{1}{3^2}\cos 3\omega_0 t + \frac{1}{5^2}\cos 5\omega_0 t + \cdots\right)$

2-3 $f(t) = \begin{cases} 0 & (-T/2 < t < 0) \\ 1 & (0 < t < T/2) \end{cases}$

$$\frac{1}{2}a_0 = \frac{1}{T}\int_{-T/2}^{T/2} f(t)dt = \frac{1}{T}\int_0^{T/2} dt = \frac{1}{T}[t]_0^{T/2} = \frac{1}{2}$$

$$a_n = \frac{2}{T}\int_{-T/2}^{T/2} f(t)\cos(n\omega_0 t)dt = \frac{2}{T}\int_0^{T/2}\cos(n\omega_0 t)dt$$

$$= \frac{2}{T}\left[\frac{\sin(n\omega_0 t)}{n\omega_0}\right]_0^{T/2} = \frac{2}{n\omega_0 T}\sin\left(\frac{n\omega_0 T}{2}\right) = \frac{1}{n\pi}\sin(n\pi) = 0$$

$$b_n = \frac{2}{T}\int_{-T/2}^{T/2} f(t)\sin(n\omega_0 t)dt = \frac{2}{T}\int_0^{T/2}\sin(n\omega_0 t)dt$$

$$= \frac{2}{T}\left[-\frac{\cos(n\omega_0 t)}{n\omega_0}\right]_0^{T/2} = \frac{2}{n\omega_0 T}\left\{1-\cos\left(\frac{n\omega_0 T}{2}\right)\right\} = \frac{1}{n\pi}\left\{1-\cos(n\pi)\right\} = \frac{1}{n\pi}\left\{1-(-1)^n\right\}$$

$$\therefore b_n = \begin{cases} \dfrac{2}{n\pi} & (n:\text{奇数}) \\ 0 & (n:\text{偶数}) \end{cases}$$

したがって，

$$f(t) = \frac{1}{2}a_0 + \sum_{n=1}^{\infty}\left\{a_n\cos(n\omega_0 t) + b_n\sin(n\omega_0 t)\right\}$$

$$= \frac{1}{2} + \sum_{n=1}^{\infty}\frac{2}{(2n-1)\pi}\sin\{(2n-1)\omega_0 t\} = \frac{1}{2} + \frac{2}{\pi}\left\{\sin(\omega_0 t) + \frac{1}{3}\sin(3\omega_0 t) + \frac{1}{5}\sin(5\omega_0 t) + \cdots\right\}$$

2-4 前問の関数を $T/4$ ずらしたものだから

$$g(t) = f\left(t+\frac{T}{4}\right) = \frac{1}{2} + \frac{2}{\pi}\left\{\sin\left\{\omega_0\left(t+\frac{T}{4}\right)\right\} + \frac{1}{3}\sin\left\{3\omega_0\left(t+\frac{T}{4}\right)\right\} + \frac{1}{5}\sin\left\{5\omega_0\left(t+\frac{T}{4}\right)\right\} + \cdots\right\}$$

$$= \frac{1}{2} + \frac{2}{\pi}\left\{\sin\left\{\omega_0 t + \frac{\pi}{2}\right\} + \frac{1}{3}\sin\left\{3\omega_0 t + \frac{3\pi}{2}\right\} + \frac{1}{5}\sin\left\{5\omega_0 t + \frac{5\pi}{2}\right\} + \cdots\right\}$$

$$= \frac{1}{2} + \frac{2}{\pi}\left\{\cos\omega_0 t - \frac{1}{3}\cos 3\omega_0 t + \frac{1}{5}\cos 5\omega_0 t - \cdots\right\}$$

演習問題 解答   129

2-5 図 A2.2 に $f(t)$ のグラフを示す．偶関数なので，$b_n = 0$，$\omega_0 = 1$

$$a_0 = \frac{2}{T}\int_{-T/2}^{T/2} f(t)dt = \frac{1}{\pi}\int_{-\pi}^{\pi} t^2 dt = \frac{1}{\pi}\left[\frac{1}{3}t^3\right]_{-\pi}^{\pi} = \frac{2}{3}\pi^2$$

$$a_n = \frac{2}{\pi}\int_0^{\pi} t^2 \cos(nt)dt = \frac{2}{\pi}\left\{\left[t^2 \frac{\sin(nt)}{n}\right]_0^{\pi} - \int_0^{\pi} 2t\frac{\sin(nt)}{n}dt\right\}$$

$$= \frac{2}{\pi}\left\{\left[2t\frac{\cos(nt)}{n^2}\right]_0^{\pi} - \int_0^{\pi} 2\frac{\cos(nt)}{n^2}dt\right\}$$

$$= (-1)^n \frac{4}{n^2}$$

したがって，$f(t) = \frac{1}{3}\pi^2 + 4\sum_{n=1}^{\infty}(-1)^n \frac{\cos nt}{n^2}$

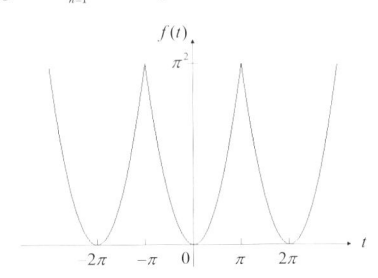

図 A2.2 問題 2-5 の関数

2-6 $c_n^* = \frac{1}{T}\int_{-T/2}^{T/2}\left[f(t)e^{-jn\omega_0 t}\right]^* dt = \frac{1}{T}\int_{-T/2}^{T/2} f(t)e^{-j(-n)\omega_0 t}dt = c_{-n}$

2-7 $c_{-5} = 1 - j3$

2-8 $c_n = \frac{a_n - jb_n}{2} = \frac{\sqrt{a_n^2 + b_n^2}}{2}\left(\frac{a_n}{\sqrt{a_n^2 + b_n^2}} - j\frac{b_n}{\sqrt{a_n^2 + b_n^2}}\right) = |c_n|e^{j\phi_n}$

したがって，$|c_n| = \frac{1}{2}\sqrt{a_n^2 + b_n^2}$，$\phi_n = \tan^{-1}\left(-\frac{b_n}{a_n}\right)$ $(n \neq 0)$

2-9 $f(t) = \sum_{n=-\infty}^{\infty} c_n e^{jn\omega_0 t} = c_0 + \sum_{n=1}^{\infty}\left(c_n e^{jn\omega_0 t} + c_{-n}e^{-jn\omega_0 t}\right)$ 問題 2-6 より

$$= c_0 + \sum_{n=1}^{\infty}\left[c_n e^{jn\omega_0 t} + c_n^*\left(e^{jn\omega_0 t}\right)^*\right] = c_0 + 2\sum_{n=1}^{\infty}\text{Re}\left[c_n e^{jn\omega_0 t}\right]$$

$$= c_0 + 2\sum_{n=1}^{\infty}\text{Re}\left[|c_n|e^{j\phi_n}e^{jn\omega_0 t}\right] = c_0 + 2\sum_{n=1}^{\infty}|c_n|\cos(n\omega_0 t + \phi_n)$$

2-10 (1) 偶関数なら $b_n = 0$，したがって c_n は実数．
(2) 奇関数なら $a_n = 0$，したがって c_n は純虚数．

2-11 $c_n = \frac{1}{T}\int_0^T \frac{t}{T}e^{-jn\omega_0 t}dt = \frac{1}{T^2}\left\{\left[\frac{te^{-jn\omega_0 t}}{-jn\omega_0}\right]_0^T + \frac{1}{jn\omega_0}\int_0^T e^{-jn\omega_0 t}dt\right\} = -\frac{e^{-jn\omega_0 T}}{jn\omega_0 T} = \frac{1}{2\pi n}e^{j\pi/2}$

$n=0$ のとき，$c_0 = \dfrac{1}{T}\int_0^T f(t)dt = \dfrac{1}{2}$

したがって，$f(t) = \dfrac{1}{2} + \dfrac{1}{2\pi}\sum_{n=-\infty}^{\infty}{}' \dfrac{1}{n} e^{j(n\omega_0 t + \pi/2)}$

（ここで，$\sum_{n=-\infty}^{\infty}{}'$ は，n が 0 以外の整数についての和）

2-12 図 A2.3 に $f(t)$ のグラフを示す．周期：π/ω_0，基本角周波数：$2\omega_0$

$$c_n = \dfrac{1}{T}\int_0^{\pi/\omega_0} \sin\omega_0 t \, e^{-jn2\omega_0 t} dt = \dfrac{\omega_0}{j2\pi}\int_0^{\pi/\omega_0}\left[e^{j(1-2n)\omega_0 t} - e^{-j(1+2n)\omega_0 t}\right]dt$$

$$= \dfrac{\omega_0}{j2\pi}\left\{\left[\dfrac{e^{j(1-2n)\omega_0 t}}{j(1-2n)\omega_0}\right]_0^{\frac{\pi}{\omega_0}} + \left[+\dfrac{e^{-j(1+2n)\omega_0 t}}{j(1+2n)\omega_0}\right]_0^{\frac{\pi}{\omega_0}}\right\} = \dfrac{1}{2\pi}\left\{-\dfrac{2}{(2n-1)} + \dfrac{2}{(2n+1)}\right\}$$

$$= \dfrac{2}{\pi(1-4n^2)}$$

$$\therefore f(t) = \dfrac{2}{\pi}\sum_{n=-\infty}^{\infty}\dfrac{1}{(1-4n^2)}e^{j2n\omega_0 t}$$

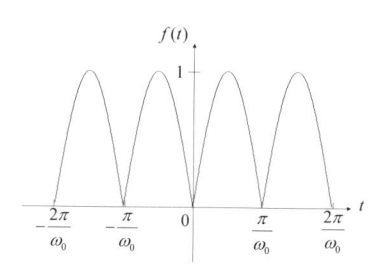

図 A2.3 問題 2-12 の関数

2-13 (1) $\sin^2\omega_0 t = \dfrac{1}{2} - \dfrac{1}{2}\cos 2\omega_0 t \qquad \sin^2\omega_0 t = \dfrac{1}{2} - \dfrac{1}{4}\left(e^{j2\omega_0 t} + e^{-j2\omega_0 t}\right)$

(2) $\cos^3\omega_0 t = \dfrac{3}{4}\cos\omega_0 t + \dfrac{1}{4}\cos 3\omega_0 t \qquad \cos^3\omega_0 t = \dfrac{3}{8}\left(e^{j\omega_0 t} + e^{-j\omega_0 t}\right) + \dfrac{1}{8}\left(e^{j3\omega_0 t} + e^{-j3\omega_0 t}\right)$

(3) $\sin^3\omega_0 t = \dfrac{3}{4}\sin\omega_0 t - \dfrac{1}{4}\sin 3\omega_0 t \qquad \sin^3\omega_0 t = -\dfrac{3j}{8}\left(e^{j\omega_0 t} - e^{-j\omega_0 t}\right) + \dfrac{j}{8}\left(e^{j3\omega_0 t} - e^{-j3\omega_0 t}\right)$

第 3 章

3-1 (1) $|F(\omega)| = \dfrac{1}{\sqrt{1+\omega^2}}$，$\phi(\omega) = -\tan^{-1}\omega$ \quad (2) $|F(\omega)| = \sqrt{\alpha^2 + \omega^2}$，$\phi(\omega) = \tan^{-1}(\omega/\alpha)$

(3) $|F(\omega)| = 1$，$\phi(\omega) = a\omega$ \quad (4) $|F(\omega)| = \sqrt{2}\omega$，$\phi(\omega) = \pi/4$

3-2 (1) $F(\omega) = \int_{-\infty}^{\infty} f(t)e^{-j\omega t}dt = \int_{-\infty}^{\infty} f(t)\cos\omega t \, dt - j\int_{-\infty}^{\infty} f(t)\sin\omega t \, dt = 2\int_0^{\infty} f(t)\cos\omega t \, dt$

(2) $F(\omega) = \int_{-\infty}^{\infty} f(t)(\cos\omega t - j\sin\omega t)dt = \int_{-\infty}^{\infty} f(t)\cos\omega t \, dt - j\int_{-\infty}^{\infty} f(t)\sin\omega t \, dt = -j2\int_0^{\infty} f(t)\sin\omega t \, dt$

3-3 (1) $f(t) = \dfrac{1}{2\pi}\int_{-\infty}^{\infty} F(\omega)e^{j\omega t}d\omega$

$2\pi f(-t) = \int_{-\infty}^{\infty} F(\omega)e^{-j\omega t}d\omega$　　tとωを置き換えると

$2\pi f(-\omega) = \int_{-\infty}^{\infty} F(t)e^{-j\omega t}dt$　　←$F(t)$のフーリエ変換

(2) $x \equiv at$ とおく

$a > 0$ のとき $\displaystyle\int_{-\infty}^{+\infty} f(x)e^{-j\frac{\omega}{a}x}\frac{1}{a}dx = \frac{1}{a}\int_{-\infty}^{\infty} f(x)e^{-j\left(\frac{\omega}{a}\right)x}dx = \frac{1}{a}F\left(\frac{\omega}{a}\right)$

$a < 0$ のとき $\displaystyle\int_{-\infty}^{+\infty} f(x)e^{-j\frac{\omega}{a}x}\frac{1}{a}dx = \frac{1}{(-a)}\int_{-\infty}^{\infty} f(x)e^{-j\frac{\omega}{a}x}dx = \frac{1}{(-a)}F\left(\frac{\omega}{a}\right)$

3-4 (1) $\int_{-\infty}^{\infty} f(t-t_0)e^{-j\omega t}dt$ について，$t - t_0 = x$ とおくと

$\int_{-\infty}^{\infty} f(x)e^{-j\omega(t_0+x)}dx = e^{-j\omega t_0}\int_{-\infty}^{\infty} f(x)e^{-j\omega x}dx = F(\omega)e^{-j\omega t_0}$

(2) $\int_{-\infty}^{\infty} (f(t)e^{j\omega_0 t})e^{-j\omega t}dt = \int_{-\infty}^{\infty} f(t)e^{-j(\omega-\omega_0)t}dt = F(\omega - \omega_0)$

3-5 ［例 1］の $f(t) \xrightarrow{\mathcal{F}} F(\omega)$ に対して，この問題の関数は $f(-t) \xrightarrow{\mathcal{F}} F(-\omega)$ に対応するから，$F(\omega) = \dfrac{1}{\alpha - j\omega}$　　図 A3.1 は $f(t)$ のグラフ．

3-6 (1) $f(t) = \begin{cases} e^{-\alpha t} & (t > 0) \\ e^{\alpha t} & (t < 0) \end{cases}$

$F(\omega) = \dfrac{1}{\alpha + j\omega} + \dfrac{1}{\alpha - j\omega} = \dfrac{2\alpha}{\alpha^2 + \omega^2}$　　$f(t)$ と $F(\omega)$ のグラフを図 A3.2 に示す．

(2) $f(t)$ の半値幅 ΔT は，$e^{-\alpha\frac{\Delta T}{2}} = \dfrac{1}{2}$ より，$\Delta T = \dfrac{2\ln 2}{\alpha}$

一方，$F(\omega)$ の半値幅 $\Delta\omega$ は，$F(0) = 2/\alpha$ より $F(\Delta\omega/2) = 1/\alpha$ から $\Delta\omega = 2\alpha$，

したがって，$\Delta T \cdot \Delta\omega = \left(\dfrac{2\ln 2}{\alpha}\right) \cdot (2\alpha) = 4\ln 2 \approx 2.8$

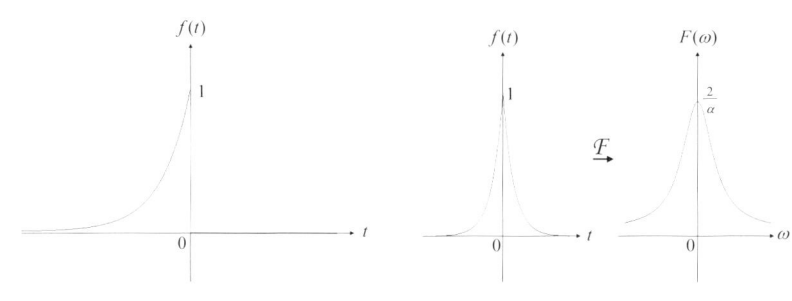

図 **A3.1**　問題 3-5 の関数　　　　図 **A3.2**　問題 3-6 のグラフ

3-7 偶関数なので

$$F(\omega) = 2\int_0^1 (-t+1)\cos\omega t\, dt = 2\left[(-t+1)\frac{\sin\omega t}{\omega}\right]_0^1 - 2\int_0^1 -\frac{\sin\omega t}{\omega}dt$$

$$= 0 + \frac{2}{\omega}\left[-\frac{\cos\omega t}{\omega}\right]_0^1 = \frac{2}{\omega}\left[\frac{1-\cos\omega}{\omega}\right] = \frac{4}{\omega^2}\sin^2\frac{\omega}{2} = \frac{\sin^2\left(\frac{\omega}{2}\right)}{\left(\frac{\omega}{2}\right)^2} = \mathrm{sinc}^2\left(\frac{\omega}{2}\right)$$

$f(t)$ のグラフを図 A3.3 に示す.

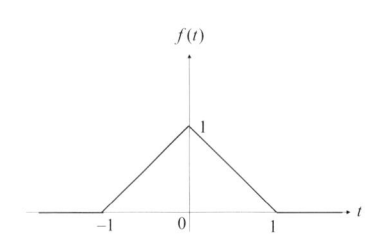

図 **A3.3(1)** 問題 3-7 の関数   図 **A3.3(2)** 問題 3-7 の結果

3-8 (1) $2F(2\omega)$ (2) $F(-\omega)$ (3) $F(\omega)e^{-j\omega}$ (4) $F(\omega - 2\omega_0)$

3-9 (1) $\dfrac{e^{-j2\omega}}{1+j\omega}$ (2) $\dfrac{2}{1+j2\omega}$ (3) $\dfrac{1}{1+j(\omega-1)}$ (4) $\dfrac{1}{2}\left\{\dfrac{1}{1+j(\omega-1)} + \dfrac{1}{1+j(\omega+1)}\right\}$

3-10 (1) $f(t) = \begin{cases} e^{-2t} & (t>0) \\ 0 & (t<0) \end{cases}$ (2) $f(t) = \begin{cases} e^{-t}e^{j2t} & (t>0) \\ 0 & (t<0) \end{cases}$

(3) $\exp\left[-(t-2)^2\right]$ (4) $\exp(-t^2)e^{-jt}$

3-11 $f(t) = \mathrm{rect}(t) \xrightarrow{\mathcal{F}} F(\omega) = \dfrac{\sin(\omega/2)}{(\omega/2)}$

定理 3.3 $\mathcal{F}[F(t)] = 2\pi f(-\omega)$ から, $\mathcal{F}\left[\dfrac{\sin(t/2)}{(t/2)}\right] = 2\pi\,\mathrm{rect}(-\omega) = 2\pi\,\mathrm{rect}(\omega)$

3-12 問題 3-6 の結果は, $f(t) = \exp(-\alpha|t|) \xrightarrow{\mathcal{F}} F(\omega) = \dfrac{2\alpha}{\alpha^2 + \omega^2}$

定理 3.3 $\mathcal{F}[F(t)] = 2\pi f(-\omega)$ から, $\mathcal{F}\left[\dfrac{1}{a^2+t^2}\right] = \dfrac{1}{2a} \cdot 2\pi\exp(-a|\omega|) = \dfrac{\pi}{a}\exp(-a|\omega|)$

3-13 $F(\omega) = \int_{-\infty}^{\infty} f(t)e^{-j\omega t}dt$ を ω で微分すると

$$\frac{dF(\omega)}{d\omega} = \frac{d}{d\omega}\int_{-\infty}^{\infty} f(t)e^{-j\omega t}dt = \int_{-\infty}^{\infty} f(t)\frac{\partial}{\partial\omega}\left(e^{-j\omega t}\right)dt = \int_{-\infty}^{\infty}\left[-jtf(t)\right]e^{-j\omega t}dt$$

$$= \mathcal{F}\left[-jtf(t)\right]$$

$\therefore F'(\omega)$

3-14 次の二重積分を計算する．

$$I^2 = \int_{-\infty}^{\infty}\int_{-\infty}^{\infty} e^{-a(x^2+y^2)} dxdy \quad ①$$

①を極座標表示に書き改めると，$x^2 + y^2 = r^2$，$dxdy = rdrd\theta$ となるから

$$I^2 = 2\pi \int_0^{\infty} re^{-ar^2} dr \quad ②$$

となる．$ar^2 = z$ と変数変換すると，$2ardr = dz$ より，式②は

$$I^2 = \frac{\pi}{a}\int_0^{\infty} e^{-z} dz = -\frac{\pi}{a}\left[e^{-z}\right]_0^{\infty} = \frac{\pi}{a} \quad ③$$

$$\therefore I = \sqrt{\frac{\pi}{a}}$$

3-15 (1) e^{-at^2} のフーリエ変換 $F(\omega)$ は

$$F(\omega) = \int_{-\infty}^{\infty} e^{-at^2 - j\omega t} dt$$

上式の両辺を ω で微分すると

$$\frac{d}{d\omega}F(\omega) = \int_{-\infty}^{\infty}(-jt)\exp[-at^2]\exp[-j\omega t]dt = -j\int_{-\infty}^{\infty}\left(-\frac{1}{2a}\right)\left(\frac{d}{dt}e^{-at^2}\right)e^{-j\omega t}dt$$

$$= \frac{j}{2a}\left[\exp[-at^2]\exp[-j\omega t]\right]_{-\infty}^{\infty} - \frac{j}{2a}(-j\omega)\int_{-\infty}^{\infty}\exp[-at^2]\exp[-j\omega t]dt$$

$$= -\frac{\omega}{2a}\int_{-\infty}^{\infty}\exp[-at^2]\exp[-j\omega t]dt$$

$$= -\frac{\omega}{2a}F(\omega)$$

したがって，$F(\omega)$ は微分方程式 $\quad \dfrac{d}{d\omega}F(\omega) + \dfrac{\omega}{2a}F(\omega) = 0$

を満足する．この式を変形すると

$$\frac{F'(\omega)}{F(\omega)} = -\frac{\omega}{2a}$$

さらに ω について積分して

$$\log F(\omega) = -\frac{\omega^2}{4a} + C' \qquad \therefore F(\omega) = C\exp\left[-\frac{\omega^2}{4a}\right]$$

定数 C は前問の結果より，$C = F(\omega = 0) = \int_{-\infty}^{\infty} e^{-at^2} dt = \sqrt{\dfrac{\pi}{a}}$

したがって，$F(\omega) = \sqrt{\dfrac{\pi}{a}}\exp\left[-\dfrac{\omega^2}{4a}\right]$

(2) $e^{-at^2} \xrightarrow{\mathscr{F}} \sqrt{\dfrac{\pi}{a}}\exp\left[-\dfrac{\omega^2}{4a}\right] \quad a = \dfrac{1}{2}$ とおくと，$\exp\left(-\dfrac{t^2}{2}\right) \xrightarrow{\mathscr{F}} \sqrt{2\pi}\exp\left[-\dfrac{\omega^2}{2}\right]$ より，

$$\frac{1}{\sqrt{2\pi}}\exp\left(-\frac{t^2}{2}\right) \xrightarrow{\mathscr{F}} \exp\left[-\frac{\omega^2}{2}\right]$$

(3) $f(t) = e^{-at^2}$ の半値幅 ΔT は，$\Delta T = 2\sqrt{\ln 2/a}$

$F(\omega) = \sqrt{\dfrac{\pi}{a}}\exp\left[-\dfrac{\omega^2}{4a}\right]$ の半値幅 $\Delta\omega$ は，$\Delta\omega = 4\sqrt{a\ln 2}$

$$\Delta T \cdot \Delta \omega = \left(2\sqrt{\ln 2/a}\right) \cdot \left(4\sqrt{a \ln 2}\right) = 8 \ln 2$$

【注】ガウス型スペクトルの $\Delta T \cdot \Delta \omega$ はローレンツ型の場合（問題 3-6）の 2 倍

3-16 $G(\omega) = F(\omega) + \left\{F(\omega)e^{-j\omega a} + F(\omega)e^{j\omega a}\right\}/2 = F(\omega)\left[1 + \left\{e^{-j\omega a} + e^{j\omega a}\right\}/2\right]$
$= F(\omega)(1 + \cos \omega a)$

$F(\omega)$ の振幅が $(1 + \cos \omega a)$ で変調されたものになる．したがって，$F(\omega)$ が ω に関してゆるやかに変化するとすると，この変調によって $G(\omega)$ は図 A3.4 のように ω 軸上で周期 $2\pi/a$ の周期的なリップルを示す．このリップルの周期から a を求めることができる．

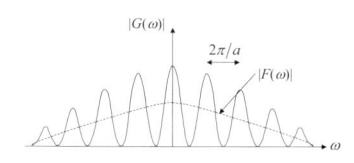

図 A3.4 問題 3-16 の結果のグラフ

3-17 (1) $\dfrac{1}{3}f(\dfrac{t}{3})$ 　　(2) $f(t-3)$

(3) $F(\omega)\cos 3\omega = F(\omega)\dfrac{e^{j3\omega} + e^{-j3\omega}}{2}$ であるから，$\dfrac{1}{2}\{f(t+3) + f(t-3)\}$

(4) $f(t)e^{jt}$ 　　(5) $f(t)e^{jt} + f(t)e^{-jt} = 2f(t)\cos t$

3-18 (1) 公式 (3.11) において $a = -1$ とすれば，$\mathcal{F}[f(-t)] = F(-\omega) = R(-\omega) + jX(-\omega)$ である．$f(t)$ は実関数であるから，$R(-\omega) = R(\omega)$（偶関数），$X(-\omega) = -X(\omega)$（奇関数）．よって
$\mathcal{F}[f(-t)] = R(\omega) - jX(\omega)(= F^*(\omega))$

(2) (1)の結果を用いると，$\mathcal{F}[f(t) + f(-t)] = F(\omega) + F^*(\omega) = 2R(\omega)$

(3) 同様に，$\mathcal{F}[f(t) - f(-t)] = F(\omega) - F^*(\omega) = j2X(\omega)$

(4) $\mathcal{F}[f(t) + jf(t)] = F(\omega) + jF(\omega) = R(\omega) + jX(\omega) + j\{R(\omega) + jX(\omega)\}$
$= R(\omega) - X(\omega) + j\{R(\omega) + X(\omega)\}$

3-19 $X(\omega) = F(\omega) + jG(\omega) = F_R(\omega) + jF_I(\omega) + j\{G_R(\omega) + jG_I(\omega)\}$
$= F_R(\omega) - G_I(\omega) + j\{F_I(\omega) + G_R(\omega)\}$
$\therefore X_R(\omega) = F_R(\omega) - G_I(\omega)$ 　①　　$\therefore X_I(\omega) = F_I(\omega) + G_R(\omega)$ 　②

また，実関数のフーリエ変換の実数部と虚数部がそれぞれ偶関数と奇関数になる（複素関数のフーリエ変換ではそうはならない），という性質を使うと，

$X_R(-\omega) = F_R(\omega) + G_I(\omega)$ 　③　　$X_I(-\omega) = -F_I(\omega) + G_R(\omega)$ 　④

①と③から，$F_R(\omega) = \dfrac{1}{2}\{X_R(\omega) + X_R(-\omega)\}$，②と④から，$F_I(\omega) = \dfrac{1}{2}\{X_I(\omega) - X_I(-\omega)\}$

よって，$F(\omega) = \dfrac{1}{2}\{X_R(\omega) + X_R(-\omega)\} + j\dfrac{1}{2}\{X_I(\omega) - X_I(-\omega)\}$

同様に，$G(\omega) = \dfrac{1}{2}\{X_I(\omega) + X_I(-\omega)\} - j\dfrac{1}{2}\{X_R(\omega) - X_R(-\omega)\}$

第 4 章

4-1 $\int_{-\infty}^{\infty} f(t)\delta(t-t_0)dt = f(t_0)$ の公式を用いて,

(1) 1 (2) 1 (3) e^{-2}

$f(t)\delta(t-t_0) = f(t_0)\delta(t-t_0)$ の公式より,

(4) $\delta(t)$ (5) $\delta(t)/2$ (6) $\delta(t-2)/3$

4-2 (1) $e^{-j3\omega}$ (2) $\dfrac{1}{2}$ (3) $j\omega$ (4) $j\omega e^{-j2\omega}$

4-3 (1) $\pi[\delta(\omega-\omega_0) + \delta(\omega+\omega_0)]$ (2) $-j\pi[\delta(\omega-\omega_0) - \delta(\omega+\omega_0)]$

(3) $-\dfrac{j\pi}{2}[\delta(\omega-2\omega_0) - \delta(\omega+2\omega_0)]$ (4) $\dfrac{\pi}{2}[\delta(\omega-2\omega_0) + \delta(\omega+2\omega_0) + 2\delta(\omega)]$

(5) $-\dfrac{\pi}{2}[\delta(\omega-2\omega_0) + \delta(\omega+2\omega_0) - 2\delta(\omega)]$

4-4 (1) $\mathcal{F}[f(t)] = e^{j\omega t_0} + e^{-j\omega t_0} = 2\cos\omega t_0$ (2) $\mathcal{F}[g(t)] = e^{j\omega t_0} - e^{-j\omega t_0} = 2j\sin\omega t_0$

4-5 (1) $\mathcal{F}^{-1}\left[\pi[\delta(\omega-\omega_0) + \delta(\omega+\omega_0)]\right] = \pi \cdot \left[\mathcal{F}^{-1}[\delta(\omega-\omega_0)] + \mathcal{F}^{-1}[\delta(\omega+\omega_0)]\right]$

$= \pi\left[\dfrac{1}{2\pi}\int_{-\infty}^{\infty}\delta(\omega-\omega_0)e^{j\omega t}d\omega + \dfrac{1}{2\pi}\int_{-\infty}^{\infty}\delta(\omega+\omega_0)e^{j\omega t}d\omega\right] = \dfrac{1}{2}\left[e^{-j\omega_0 t} + e^{j\omega_0 t}\right]$

$= \cos\omega_0 t$

(2) $\mathcal{F}^{-1}\left[-j\pi[\delta(\omega-\omega_0) - \delta(\omega+\omega_0)]\right] = -j\pi \cdot \left[\mathcal{F}^{-1}[\delta(\omega-\omega_0)] - \mathcal{F}^{-1}[\delta(\omega+\omega_0)]\right]$

$= -j\pi\left[\dfrac{1}{2\pi}\int_{-\infty}^{\infty}\delta(\omega-\omega_0)e^{j\omega t}d\omega - \dfrac{1}{2\pi}\int_{-\infty}^{\infty}\delta(\omega+\omega_0)e^{j\omega t}d\omega\right] = -\dfrac{j}{2}\left[e^{j\omega_0 t} - e^{-j\omega_0 t}\right]$

$= \sin\omega_0 t$

4-6 図 A4.1 (1)〜(5)

4-7 (1) $\delta(t-1)$ (2) 0 (3) $\delta(t)$

4-8 $\mathcal{F}[u(t)] = \dfrac{1}{j\omega} + \pi\delta(\omega)$ に対して

(1) $\mathcal{F}[f(t)e^{j\omega_0 t}] = F(\omega-\omega_0)$ の公式を適用 $\mathcal{F}[u(t)e^{j\omega_0 t}] = \dfrac{1}{j(\omega-\omega_0)} + \pi\delta(\omega-\omega_0)$

(2) $\mathcal{F}[f(t-t_0)] = F(\omega)e^{-jt_0\omega}$ の公式を適用 $\mathcal{F}[u(t-t_0)] = \dfrac{e^{-jt_0\omega}}{j\omega} + \pi\delta(\omega)$

4-9 (1) $\pi\delta(\omega) + \dfrac{e^{-j2\omega}}{j\omega}$ (2) $\pi\delta(\omega) - \dfrac{1}{j\omega}$ (3) $\pi\delta(\omega-1) + \dfrac{1}{j(\omega-1)}$

(4) $\dfrac{1}{2}\left[\pi\delta(\omega-2) + \dfrac{1}{j(\omega-2)} + \pi\delta(\omega+2) + \dfrac{1}{j(\omega+2)}\right]$ (5) 1 (6) $\mathrm{sinc}\left(\dfrac{\omega}{2}\right)$

(7) 前問(6)の rect(t) が $\dfrac{1}{2}$ だけ遅れたものであるから $\mathrm{sinc}\left(\dfrac{\omega}{2}\right)e^{-j\frac{\omega}{2}}$

4-10 $f(t) = 2u(t) - 1$ より, $F(\omega) = 2\left[\pi\delta(\omega) + \dfrac{1}{j\omega}\right] - 2\pi\delta(\omega) = \dfrac{2}{j\omega}$

4-11 (1) $F(\omega) = \dfrac{1}{j2}\left[\dfrac{1}{\alpha + j(\omega-\omega_0)} - \dfrac{1}{\alpha + j(\omega+\omega_0)}\right] = \dfrac{2\omega_0}{\alpha^2 - (\omega^2 - \omega_0^2) + j2\alpha\omega}$

図 A4.1(1) 問題 4-6 の答

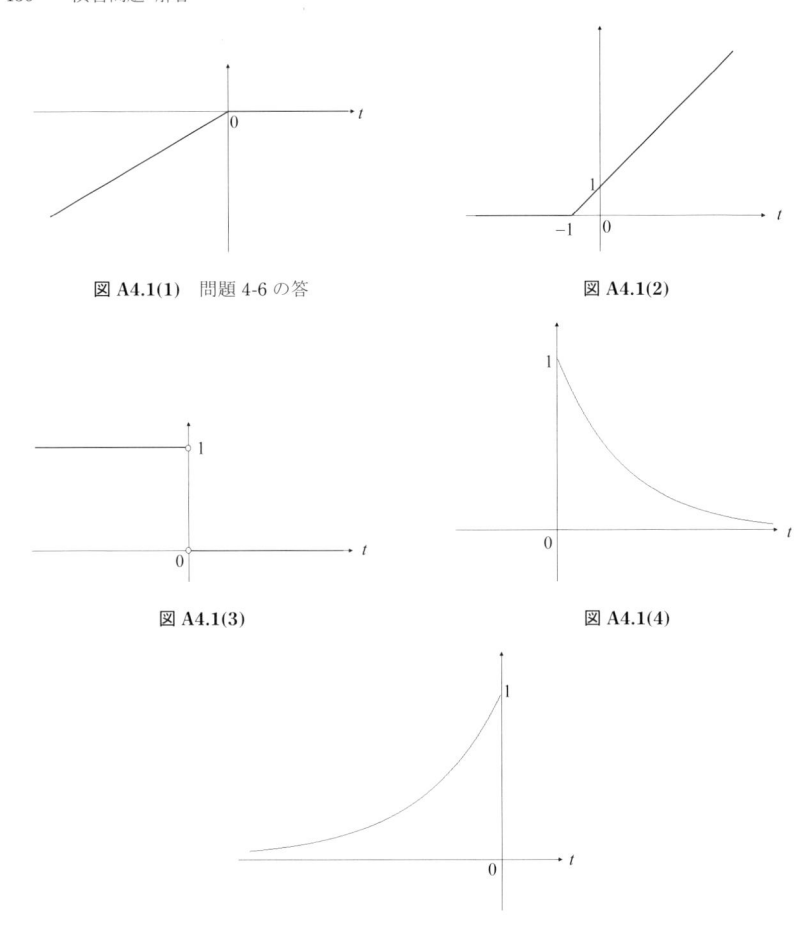

図 A4.1(2)

図 A4.1(3)

図 A4.1(4)

図 A4.1(5)

(2) $F(\omega) = \dfrac{1}{2}\left[\dfrac{1}{\alpha + j(\omega - \omega_0)} + \dfrac{1}{\alpha + j(\omega + \omega_0)}\right] = \dfrac{\alpha + j\omega}{\alpha^2 - (\omega^2 - \omega_0^2) + j2\alpha\omega}$

4-12 $\mathcal{F}[\delta'(t)] = j\omega$ に対して，$\mathcal{F}[F(t)] = 2\pi f(-\omega)$ の公式を適用する．

$\mathcal{F}[jt] = 2\pi\delta'(-\omega) = -2\pi\delta'(\omega)$　　（$\delta'(\omega)$ は奇関数なので）

$\mathcal{F}[t] = j2\pi\delta'(\omega)$

4-13 問題 3-13 の結果 $\mathcal{F}[-jtf(t)] = F'(\omega)$ を利用して，$f(t) = u(t)$ とおくと

$\mathcal{F}[-jtu(t)] = U'(\omega) = -\dfrac{1}{j\omega^2} + \pi\delta'(\omega)$　　$\therefore \mathcal{F}[tu(t)] = jU'(\omega) = j\pi\delta'(\omega) - \dfrac{1}{\omega^2}$

4-14 (1) $f(t) = e^{-3t}u(t)$ (2) $f(t) = \dfrac{1}{3}e^{-\frac{2t}{3}}u(t)$

(3) $F(\omega) = \dfrac{1}{1+j\omega} - \dfrac{1}{2+j\omega}$ より， $f(t) = \left(e^{-t} - e^{-2t}\right)u(t)$

(4) $F(\omega) = \dfrac{1}{1+j\omega} + \dfrac{1}{2+j\omega}$ より， $f(t) = \left(e^{-t} + e^{-2t}\right)u(t)$

第 5 章

5-1 $u(t)*u(t) = \int_{-\infty}^{\infty} u(x)u(t-x)dx = \int_{0}^{\infty} u(t-x)dx$

$u(t-x) = \begin{cases} 1 & (x<t) \\ 0 & (x>t) \end{cases}$ だから，

$t<0$ のとき，$u(t)*u(t) = \int_{0}^{\infty} u(t-x)dx = 0$

$t>0$ のとき，$u(t)*u(t) = \int_{0}^{\infty} u(t-x)dx = \int_{0}^{t} 1 dx = t$

したがって，$u(t)*u(t) = t \cdot u(t)$

5-2 (1) $\operatorname{rect}(t-x) = \begin{cases} 1 & (t-1/2 < x < t+1/2) \\ 0 & (上記以外) \end{cases}$

図 A5.1 に示す．

① $t+\dfrac{1}{2} \leq -\dfrac{1}{2}$，すなわち $t \leq -1$ のとき，$\operatorname{rect}(t)*\operatorname{rect}(t) = 0$

② $-\dfrac{1}{2} < t+\dfrac{1}{2} \leq \dfrac{1}{2}$，すなわち $-1 < t \leq 0$ のとき，$\operatorname{rect}(t)*\operatorname{rect}(t) = \int_{-1/2}^{t+1/2} 1 dx = t+1$

③ $-\dfrac{1}{2} < t-\dfrac{1}{2} \leq \dfrac{1}{2}$，すなわち $0 < t \leq 1$ のとき，$\operatorname{rect}(t)*\operatorname{rect}(t) = \int_{t-1/2}^{1/2} 1 dx = -t+1$

④ $t-\dfrac{1}{2} > \dfrac{1}{2}$，すなわち $t > 1$ のとき，$\operatorname{rect}(t)*\operatorname{rect}(t) = 0$

まとめると

$f(t)*f(t) = \begin{cases} 1-|t| & (|t|<1) \\ 0 & (|t|>1) \end{cases}$

図 A5.2 にそのグラフを示す．

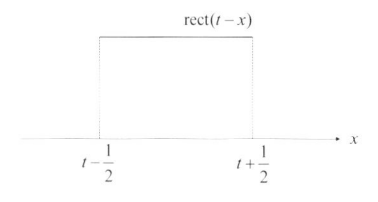

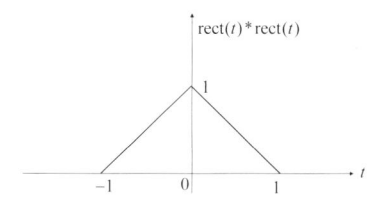

図 **A5.1**　問題 5-2　　　図 **A5.2**　問題 5-2(1)の結果

(2) 例題 5-8 より，この場合自己相関はたたみ込み積分と同じ形になるので，
$$\mathrm{rect}(t)\otimes\mathrm{rect}(t)=\begin{cases}1-|\tau| & (|\tau|<1)\\ 0 & (|\tau|>1)\end{cases}$$

5-3 $g(t-x)=\begin{cases}\cos\{\pi(t-x)\} & \left(|t-x|<\dfrac{1}{2}\right)\\ 0 & \left(|t-x|>\dfrac{1}{2}\right)\end{cases}$

以上から x が 0 でない範囲は $t-\dfrac{1}{2}<x<t+\dfrac{1}{2}$ となる．次の 4 つの場合に分けて考える．

① $g(t-x)$ が $f(x)$ の左側にあって重ならない場合（$t<-1$）
$f(t)*g(t)=0$

② $g(t-x)$ の右側部分が $f(x)$ と重なる場合（$-1<t<0$）
$$f(t)*g(t)=\int_{-1/2}^{t+1/2}1\cdot\cos\{\pi(t-x)\}dx=\left[\dfrac{1}{-\pi}\sin\{\pi(t-x)\}\right]_{-1/2}^{t+1/2}=\dfrac{1}{-\pi}\left\{-1-\sin\left(\pi t-\dfrac{\pi}{2}\right)\right\}$$
$$=\dfrac{1}{\pi}\{1+\cos(\pi t)\}$$

③ $g(t-x)$ の左側部分が $f(x)$ と重なる場合（$0<t<1$）
$$f(t)*g(t)=\int_{t-1/2}^{1/2}1\cdot\cos\{\pi(t-x)\}dx=\left[\dfrac{1}{-\pi}\sin\{\pi(t-x)\}\right]_{t-1/2}^{1/2}=\dfrac{1}{-\pi}\left\{\sin\left(\pi t-\dfrac{\pi}{2}\right)-(-1)\right\}$$
$$=\dfrac{1}{\pi}\{1+\cos(\pi t)\}$$

④ $g(t-x)$ が $f(x)$ の右側にあって重ならない場合（$t>1$）
$f(t)*g(t)=0$

①〜④より，
$$f(t)*g(t)=\begin{cases}\dfrac{1}{\pi}[1+\cos\pi t] & (|t|<1)\\ 0 & (|t|>1)\end{cases}$$

5-4 $\mathcal{F}[e^{-at}u(t)]=\dfrac{1}{\alpha+j\omega}$ $\mathcal{F}[u(t)]=\pi\delta(\omega)+\dfrac{1}{j\omega}$ より， $e^{-at}u(t)*u(t)$ のフーリエ変換は，
$$\dfrac{1}{\alpha+j\omega}\cdot\left(\pi\delta(\omega)+\dfrac{1}{j\omega}\right)=\dfrac{\pi\delta(\omega)}{\alpha}+\dfrac{1}{\alpha}\left(\dfrac{1}{j\omega}-\dfrac{1}{\alpha+j\omega}\right)=\dfrac{1}{\alpha}\left(\pi\delta(\omega)+\dfrac{1}{j\omega}\right)-\dfrac{1}{\alpha}\cdot\dfrac{1}{\alpha+j\omega}$$

この逆フーリエ変換を求めると，　$\dfrac{1}{\alpha}[1-e^{-at}]u(t)$

5-5 (1) $h(t)u(t)*u(t)=\int_{-\infty}^{\infty}u(x)h(x)u(t-x)dx=\int_{0}^{\infty}h(x)u(t-x)dx$

$u(t-x)=\begin{cases}1 & (x<t)\\ 0 & (x>t)\end{cases}$ だから，

$t<0$ のとき， $h(t)u(t)*u(t)=\int_{0}^{\infty}h(x)u(t-x)dx=0$

$t>0$ のとき， $h(t)u(t)*u(t)=\int_{0}^{\infty}h(x)u(t-x)dx=\int_{0}^{t}h(x)dx$

演習問題 解答   139

まとめると、 $h(t)u(t)*u(t) = \left[\int_0^t h(x)dx\right]u(t)$

(2) $h(t)u(t)*u(-t) = \int_{-\infty}^{\infty} u(x)h(x)u(x-t)dx = \int_0^{\infty} h(x)u(x-t)dx$

$u(x-t) = \begin{cases} 1 & (x>t) \\ 0 & (x<t) \end{cases}$ だから、

$t<0$ のとき、$h(t)u(t)*u(-t) = \int_0^{\infty} h(x)u(x-t)dx = \int_0^{\infty} h(x)dx$

$t>0$ のとき、$h(t)u(t)*u(-t) = \int_0^{\infty} h(x)u(x-t)dx = \int_t^{\infty} h(x)dx$

まとめると、$h(t)u(t)*u(-t) = \int_0^{\infty} h(x)dx - \left[\int_0^t h(x)dx\right]u(t)$

5-6 (1) 図 A5.3   (2) 図 A5.4

(3) $f(t) + g(t) = e^{-a|t|}$

(4) $F(\omega) = \dfrac{1}{\alpha + j\omega}$, $G(\omega) = \dfrac{1}{\alpha - j\omega}$ より、 $\mathcal{F}[f(t)+g(t)] = F(\omega) + G(\omega) = \dfrac{2\alpha}{\alpha^2 + \omega^2}$

(5) $P(\omega) = F(\omega)G(\omega) = \dfrac{1}{\alpha^2 + \omega^2}$

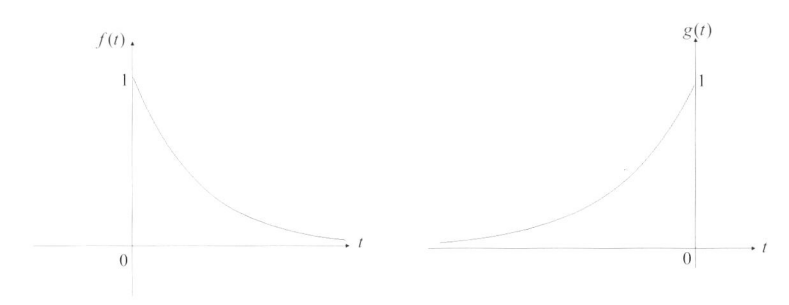

図 **A5.3** 問題 5-6(1)   図 **A5.4** 問題 5-6(2)

5-7 $f_1(t) = \dfrac{1}{a\sqrt{\pi}} \exp\left(-\dfrac{t^2}{a^2}\right) \xrightarrow{\mathcal{F}} F_1(\omega) = \exp\left[-\dfrac{a^2\omega^2}{4}\right]$

$f_2(t) = \dfrac{1}{b\sqrt{\pi}} \exp\left(-\dfrac{t^2}{b^2}\right) \xrightarrow{\mathcal{F}} F_2(\omega) = \exp\left[-\dfrac{b^2\omega^2}{4}\right]$

$F_1(\omega)F_2(\omega) = \exp\left(-\dfrac{a^2\omega^2}{4}\right)\exp\left(-\dfrac{b^2\omega^2}{4}\right) = \exp\left(-\dfrac{c^2\omega^2}{4}\right)$

ただし、$c^2 = a^2 + b^2$。 $f_3(t) = f_1(t)*f_2(t)$ は、$F_1(\omega)F_2(\omega)$ を逆フーリエ変換して

$f_3(t) = \dfrac{1}{c\sqrt{\pi}} \exp\left(-\dfrac{t^2}{c^2}\right)$

5-8 (1) $e^{-t}u(t)*e^{-t}u(t) = \int_{-\infty}^{\infty} e^{-x}u(x)e^{-(t-x)}u(t-x)dx = e^{-t}\int_{-\infty}^{\infty} u(x)u(t-x)dx = e^{-t}\int_0^{\infty} u(t-x)dx$

$t<0$ のとき, $e^{-t}\int_0^\infty u(t-x)dx = 0$ だから, $e^{-t}u(t)*e^{-t}u(t)=0$

$t>0$ のとき, $e^{-t}\int_0^\infty u(t-x)dx = e^{-t}\int_0^t 1 dx = te^{-t}$

まとめると, $e^{-t}u(t)*e^{-t}u(t) = te^{-t}u(t)$

(2) $\mathcal{F}[e^{-t}u(t)] = \dfrac{1}{1+j\omega}$ より, $\mathcal{F}[e^{-t}u(t)*e^{-t}u(t)] = \mathcal{F}[e^{-t}u(t)]\mathcal{F}[e^{-t}u(t)] = \dfrac{1}{(1+j\omega)^2}$

【注】この結果から $\mathcal{F}[te^{-t}u(t)] = \dfrac{1}{(1+j\omega)^2}$ が導かれる.

5-9 $\int_{-\infty}^\infty |f_1(t)-f_2(t-\tau)|^2 dt \geq 0$

$\int_{-\infty}^\infty |f_1(t)|^2 dt + \int_{-\infty}^\infty |f_2(t-\tau)|^2 dt - \int_{-\infty}^\infty f_1(t)f_2^*(t-\tau)dt - \int_{-\infty}^\infty f_1^*(t)f_2(t-\tau)dt$

$= \int_{-\infty}^\infty |f_1(t)|^2 dt + \int_{-\infty}^\infty |f_2(t)|^2 dt - 2\mathrm{Re}\left[\int_{-\infty}^\infty f_1(t)f_2^*(t-\tau)dt\right] \geq 0$

より, $R_{11}(0) + R_{22}(0) \geq 2\mathrm{Re}[R_{12}(\tau)]$ となる.

5-10 (1) $X(\omega) = \mathcal{F}[f(t+2)] + \mathcal{F}[f(t-2)] = e^{j2\omega}F(\omega) + e^{-j2\omega}F(\omega)$
$= 2F(\omega)\cos 2\omega$

(2) $R_{gh}(\tau) = \int_{-\infty}^\infty g(t)h(t-\tau)dt = \int_{-\infty}^\infty f(t+2)f(t-\tau-2)dt = \int_{-\infty}^\infty f(s)f(s-\tau-4)ds$ $(t+2=s)$
$= R_{ff}(\tau+4)$

(3) $R_{xx}(\tau) = \int_{-\infty}^\infty x(t)x(t-\tau)dt = \int_{-\infty}^\infty \{f(t+2)+f(t-2)\}\{f(t-\tau+2)+f(t-\tau-2)\}dt$

$= \int_{-\infty}^\infty f(t+2)f(t-\tau+2)dt + \int_{-\infty}^\infty f(t+2)f(t-\tau-2)dt$

$+ \int_{-\infty}^\infty f(t-2)f(t-\tau+2)dt + \int_{-\infty}^\infty f(t-2)f(t-\tau-2)dt$

第一項目: $t+2=s$ とおくと $R_{ff}(\tau)$, 第二項目: $t+2=s$ とおくと $R_{ff}(\tau+4)$

第三項目: $t-2=s$ とおくと $R_{ff}(\tau-4)$, 第四項目: $t-2=s$ とおくと $R_{ff}(\tau)$

$\therefore R_{xx}(\tau) = 2R_{ff}(\tau) + R_{ff}(\tau+4) + R_{ff}(\tau-4)$

(4) $|X(\omega)|^2 = 2|F(\omega)|^2 + |F(\omega)|^2(e^{j4\omega} + e^{-j4\omega})$
$= 2(1+\cos 4\omega)|F(\omega)|^2$

5-11 (1) $f(t)*g(t) = \int_{-\infty}^\infty f(x)\cdot g(t-x)dx = \int_{-\infty}^\infty f(x)[\delta(t-x) + \delta(t-x-t_0) + \delta(t-x+t_0)]dx$
$= f(t) + f(t-t_0) + f(t+t_0)$

(2) 図 A5.5 に $t_0=1$ と $t_0=2$ の場合を示す.

(3) $G(\omega) = \mathcal{F}[\delta(t)] + \mathcal{F}[\delta(t-t_0)] + \mathcal{F}[\delta(t+t_0)] = 1 + e^{-j\omega t_0} + e^{j\omega t_0} = 1 + 2\cos\omega t_0$

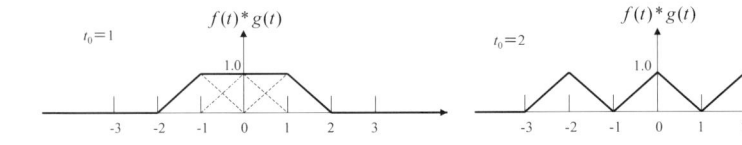

図 **A5.5** 問題 5-11(2)の具体例

5-12 (1) $o(t) = f(t) * f(-t) = \int f(x) \cdot f\{-(t-x)\} dx$
$= \int_{-\infty}^{\infty} f(x) \cdot f(x-t) dx = R_{ff}(t)$

(2) $O(\omega) = F(\omega) \cdot F(-\omega) = F(\omega) \cdot F^*(\omega) = |F(\omega)|^2$

第 6 章

6-1 $f_1(t)$ に対する解を $g_1(t)$ ， $f_2(t)$ に対する解を $g_2(t)$ とすると，

$$a_2 \frac{d^2 g_1(t)}{dt^2} + a_1 \frac{d g_1(t)}{dt} + a_0 g_1(t) = f_1(t)$$

$$a_2 \frac{d^2 g_2(t)}{dt^2} + a_1 \frac{d g_2(t)}{dt} + a_0 g_2(t) = f_2(t)$$

2 つの式の両辺をそれぞれ足して

$$a_2 \frac{d^2 (c_1 g_1(t) + c_2 g_2(t))}{dt^2} + a_1 \frac{d (c_1 g_1(t) + c_2 g_2(t))}{dt} + a_0 (c_1 g_1(t) + c_2 g_2(t)) = c_1 f_1(t) + c_2 f_2(t)$$

これは $c_1 f_1(t) + c_2 f_2(t)$ に対する解が $c_1 g_1(t) + c_2 g_2(t)$ ということで，線形性が成り立っている。

6-2 (1) $(j\omega)^2 X(\omega) + 3 j\omega X(\omega) + 2 X(\omega) = 2\pi \delta(\omega - \omega_0)$

$$H(\omega_0) = \frac{1}{(j\omega_0)^2 + 3 j\omega_0 + 2} = \frac{1}{-\omega_0^2 + 2 + j3\omega_0} = \frac{e^{j\theta}}{\sqrt{(\omega_0^2 - 2)^2 + (3\omega_0)^2}}$$

ただし， $\theta = -\tan^{-1}\left(\dfrac{3\omega_0}{\omega_0^2 - 2}\right)$

$$x(t) = H(\omega_0) e^{j\omega_0 t} = \frac{e^{j(\omega_0 t + \theta)}}{\sqrt{(\omega_0^2 - 2)^2 + (3\omega_0)^2}}$$

(2) $x(t) = H(\omega_1) e^{j\omega_1 t} + H(\omega_2) e^{j\omega_2 t} = \dfrac{e^{j(\omega_1 t + \theta_1)}}{\sqrt{(\omega_1^2 - 2)^2 + (3\omega_1)^2}} + \dfrac{e^{j(\omega_2 t + \theta_2)}}{\sqrt{(\omega_2^2 - 2)^2 + (3\omega_2)^2}}$

ただし， $\theta_1 = -\tan^{-1}\left(\dfrac{3\omega_1}{\omega_1^2 - 2}\right)$ 　 $\theta_2 = -\tan^{-1}\left(\dfrac{3\omega_2}{\omega_2^2 - 2}\right)$

(3) $j\omega X(\omega) + 2 X(\omega) = 2\pi \delta(\omega - \omega_0)$

$$H(\omega_0) = \frac{1}{j\omega_0 + 2} = \frac{e^{j\theta}}{\sqrt{\omega_0^2 + 4}} \quad \text{ただし，} \theta = -\tan^{-1}\left(\frac{\omega_0}{2}\right)$$

$$x(t) = H(\omega_0) e^{j\omega_0 t} = \frac{e^{j(\omega_0 t + \theta)}}{\sqrt{\omega_0^2 + 4}}$$

6-3 (1) $H(\omega) = \dfrac{1}{(j\omega)^2 + 3 j\omega + 2} = \dfrac{1}{(1 + j\omega)(2 + j\omega)} = \dfrac{1}{(1 + j\omega)} - \dfrac{1}{(2 + j\omega)}$

$x(t) = h(t) = e^{-t} u(t) - e^{-2t} u(t) = (e^{-t} - e^{-2t}) u(t)$

(2) $X(\omega) = H(\omega)e^{-jt_0\omega} = \dfrac{e^{-jt_0\omega}}{(1+j\omega)} - \dfrac{e^{-jt_0\omega}}{(2+j\omega)}$

$x(t) = h(t-t_0) = \left(e^{-(t-t_0)} - e^{-2(t-t_0)}\right)u(t-t_0)$

(3) $H(\omega) = \dfrac{1}{j\omega+2}$ $x(t) = h(t) = e^{-2t}u(t)$

(4) $H(\omega) = \dfrac{1}{(j\omega)^2 + 2j\omega + 2} = \dfrac{1}{(j\omega+1+j)(j\omega+1-j)} = \dfrac{1}{j2}\left[\dfrac{1}{1+j(\omega-1)} - \dfrac{1}{1+j(\omega+1)}\right]$

$x(t) = h(t) = \dfrac{1}{j2}\left[e^{-t}e^{jt}u(t) - e^{-t}e^{-jt}u(t)\right] = \left(e^{-t}\sin t\right)u(t)$

図 A6.1 に(1)〜(4)の解のグラフを示す.

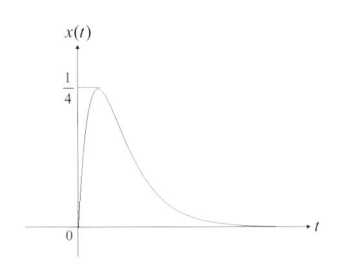

図 A6.1(1)　問題 6-3 の解のグラフ

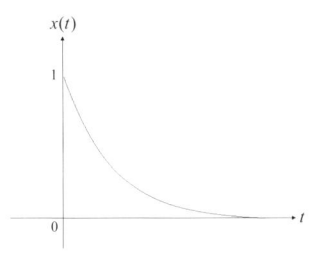

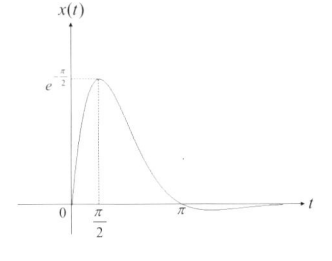

図 A6.1(2)

図 A6.1(3)

図 A6.1(4)

6-4 (1) $h(t) = \left(e^{-t} - e^{-2t}\right)u(t)$

$g(t) = h(t)*u(t) = \left[\int_0^t \left(e^{-x} - e^{-2x}\right)dx\right]u(t) = \dfrac{1}{2}\left(1 - 2e^{-t} + e^{-2t}\right)u(t)$

(2) $h(t) = \left(e^{-t} - e^{-2t}\right)u(t)$

$g(t) = \left[\int_t^\infty h(x)dx\right]u(t) = \left[\int_t^\infty \left(e^{-x} - e^{-2x}\right)dx\right]u(t) = \left(e^{-t} - \dfrac{1}{2}e^{-2t}\right)u(t) + \dfrac{1}{2}u(-t)$

(3) $H(\omega) = \dfrac{1}{j\omega + 2}$ $h(t) = e^{-2t}u(t)$ $g(t) = \left[\int_0^t e^{-2x}dx\right]u(t) = \dfrac{1}{2}\left(1 - e^{-2t}\right)u(t)$

(4) $h(t) = e^{-2t}u(t)$

$$g(t) = \left[\int_t^\infty e^{-2x}dx\right]u(t) = \dfrac{1}{2}e^{-2t}u(t) + \dfrac{1}{2}u(-t)$$

図 A6.2 に(1)〜(4)の解のグラフを示す．

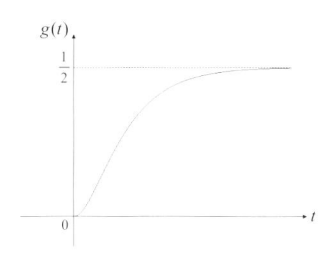

図 A6.2(1) 問題 6-4 の解のグラフ 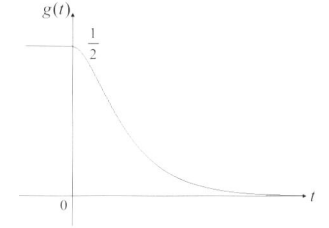   図 A6.2(2)

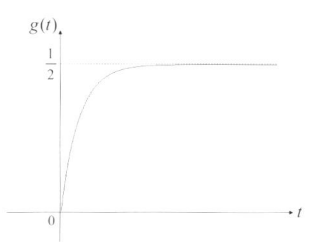

図 A6.2(3) 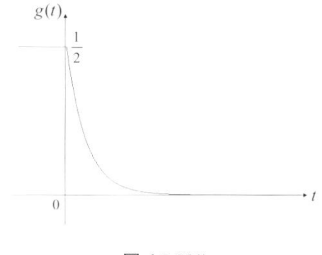   図 A6.2(4)

6-5 $F(\omega) = \operatorname{sinc}\left(\dfrac{\omega}{2}\right)e^{-j\frac{\omega}{2}}$, $G(\omega) = \dfrac{1}{2}\operatorname{sinc}\left(\dfrac{\omega}{2}\right)e^{-j\frac{3\omega}{2}}$

$H(\omega) = \dfrac{G(\omega)}{F(\omega)} = \dfrac{1}{2}e^{-j\omega}$，フーリエ逆変換して，$h(t) = \dfrac{1}{2}\delta(t - 1)$

6-6 $H(\omega) = \cos\theta_0 + j\left[1 - 2u(\omega)\right]\sin\theta_0$ と書ける．

$u(t) \xrightarrow{\mathcal{F}} U(\omega) = \pi\delta(\omega) + \dfrac{1}{j\omega}$ だから， $U(-t)/2\pi \xrightarrow{\mathcal{F}} u(\omega)$

したがって，インパルス応答は，

$$h(t) = \left[\cos\theta_0 + j\sin\theta_0\right]\delta(t) - j2\sin\theta_0\left[\dfrac{\delta(t)}{2} + \dfrac{j}{2\pi t}\right] = \delta(t)\cos\theta_0 + \dfrac{\sin\theta_0}{\pi t}$$

入力は， $f(t) = \cos\omega_0 t = \dfrac{1}{2}\left(e^{j\omega_0 t} + e^{-j\omega_0 t}\right)$ $\omega_0 > 0$

出力は， $g(t) = \dfrac{1}{2}\left[H(\omega_0)e^{j\omega_0 t} + H(-\omega_0)e^{-j\omega_0 t}\right] = \dfrac{1}{2}\left[e^{-j\theta_0}e^{j\omega_0 t} + e^{+j\theta_0}e^{-j\omega_0 t}\right] = \cos(\omega_0 t - \theta_0)$

【注】このシステムは入力の位相を θ_0 ずらす位相器（phase shifter）である．

6-7 (1) 入力は $f(t) = 2u(t)$ と表せるから，出力 $g(t)$ は $h(t)$ と $f(t)$ のコンボリューションで求められ，

$$g(t) = h(t) * f(t) = \int_{-\infty}^{\infty} \left[e^{-x} u(x) \right] 2u(t-x) dx = \left[2\int_{0}^{t} e^{-x} dx \right] u(t) = 2(1 - e^{-t}) u(t)$$

(2) $h(t)$ をフーリエ変換して，$H(\omega) = \dfrac{1}{j\omega + 1}$

(3) 出力は $g(t) = H(\omega_0) e^{j\omega_0 t}$ となるが，ここで $\omega_0 = 2$ なので

$$g(t) = H(2) e^{j2t} = \frac{1}{1 + j2} e^{j2t} = \frac{1 - j2}{5} e^{j2t} = \frac{1}{\sqrt{5}} e^{j(2t + \theta)} \quad \text{ただし，} \theta = -\tan^{-1}(2)$$

(4) 線形なので，e^{j2t} に対する解と $2e^{j3t}$ に対する解の重ね合わせとなる．

$$g(t) = H(2) e^{j2t} + 2H(3) e^{j3t} = \frac{1}{1 + j2} e^{j2t} + \frac{2}{1 + j3} e^{j3t} = \frac{1}{\sqrt{5}} e^{j(2t + \theta_1)} + \frac{2}{\sqrt{10}} e^{j(3t + \theta_2)}$$

ただし，$\theta_1 = -\tan^{-1}(2)$ ，$\theta_2 = -\tan^{-1}(3)$

6-8 $H(\omega) = 1 + j2\omega = \sqrt{1 + 4\omega^2} e^{j\theta}$ ，$\theta = \tan^{-1}(2\omega)$ と書ける．

$f(t) = 2\cos^2 \omega t = 1 + \cos 2\omega t = \text{Re}\left[1 + e^{j2\omega t}\right]$ だから，$1 + e^{j2\omega t}$ に対する出力の実部をとればよい．

入力が 1 に対しては，出力は $H(0) = 1$

入力が $e^{j2\omega t}$ に対しては，出力は $H(2\omega) e^{j2\omega t} = \sqrt{1 + 16\omega^2} e^{j(2\omega t + \theta)}$ ，$\theta = \tan^{-1}(4\omega)$ よって，

$$g(t) = \text{Re}\left[H(0) + H(2\omega) e^{j2\omega t}\right] = \text{Re}\left[1 + \sqrt{1 + 16\omega^2} e^{j(2\omega t + \theta)}\right] = 1 + \sqrt{1 + 16\omega^2} \cos(2\omega t + \theta)$$

6-9 (1) $j\omega G(\omega) + 3G(\omega) = F(\omega)$ より，$H(\omega) = \dfrac{G(\omega)}{F(\omega)} = \dfrac{1}{3 + j\omega}$

(2) $h(t) = \mathcal{F}^{-1}[H(\omega)] = \mathcal{F}^{-1}\left[\dfrac{1}{j\omega + 3}\right] = e^{-3t} u(t)$

(3) $H(\omega) = \dfrac{e^{j\theta}}{\sqrt{9 + \omega^2}}$ ，$\theta = -\tan^{-1}\left(\dfrac{\omega}{3}\right)$ と書けるから，

$$g(t) = \text{Re}\left[H(\omega_0) e^{j\omega_0 t} + H(3\omega_0) e^{j3\omega_0 t}\right] = \frac{1}{\sqrt{9 + \omega_0^2}} \cos(\omega_0 t + \theta_1) + \frac{1}{\sqrt{9 + 9\omega_0^2}} \cos(3\omega_0 t + \theta_2)$$

ただし，$\theta_1 = -\tan^{-1}\left(\dfrac{\omega_0}{3}\right)$ ，$\theta_2 = -\tan^{-1}(\omega_0)$

6-10 $F(\omega) = \text{sinc}\left(\dfrac{\omega}{2}\right) e^{-j\frac{\omega}{2}}$ である．出力を $g(t)$ ，そのフーリエ変換を $G(\omega)$ とすると，

$$G(\omega) = H(\omega) F(\omega) = 2e^{-j\omega} \text{sinc}\left(\frac{\omega}{2}\right) e^{-j\frac{\omega}{2}} = 2\text{sinc}\left(\frac{\omega}{2}\right) e^{-j\frac{3\omega}{2}}$$

$$g(t) = \mathcal{F}^{-1}[G(\omega)] = 2\text{rect}\left(t - \frac{3}{2}\right)$$

6-11 (1) $H(\omega) = e^{-j2\omega}$

(2) $F(\omega) = \text{sinc}\left(\dfrac{\omega}{2}\right) e^{-j\frac{\omega}{2}}$ であるから，$G(\omega) = H(\omega) F(\omega) = \text{sinc}\left(\dfrac{\omega}{2}\right) e^{-j\frac{5\omega}{2}}$

$$\therefore g(t) = \mathcal{F}^{-1}[G(\omega)] = \mathrm{rect}\left(t - \frac{5}{2}\right)$$

第7章

7-1 アドミタンスは，
$$Y(\omega) = \frac{1}{R} + j\omega C = \sqrt{\frac{1}{R^2} + (\omega C)^2}\, e^{j\theta(\omega)} \qquad \text{ただし，} \quad \theta(\omega) = \tan^{-1}(\omega CR)$$

複素入力電圧 $e_c(t) = 2e^{j\omega t} + e^{j3\omega t}$ に対して，複素電流は，
$$i_c(t) = 2Y(\omega)e^{j\omega t} + Y(3\omega)e^{j3\omega t} = 2|Y(\omega)|e^{j[\omega t + \theta(\omega)]} + |Y(3\omega)|e^{j[3\omega t + \theta(3\omega)]}$$

$$i(t) = 2\sqrt{\frac{1}{R^2} + (\omega C)^2}\, e^{j[\omega t + \theta(\omega)]} + \sqrt{\frac{1}{R^2} + (3\omega C)^2}\, e^{j[3\omega t + \theta(3\omega)]}$$

ただし， $\theta(\omega) = \tan^{-1}(\omega CR) \qquad \theta(3\omega) = \tan^{-1}(3\omega CR)$

7-2 $Z(\omega) = R + j\omega L = \sqrt{R^2 + (\omega L)^2}\, e^{j\theta(\omega)} \qquad \text{ただし，} \quad \theta(\omega) = \tan^{-1}(\omega L/R)$

複素入力電圧 $e_c(t) = 1 + e^{j\omega t} + e^{j3\omega t}$ に対して，複素電流は，
$$i_c(t) = \frac{1}{Z(0)} + \frac{e^{j\omega t}}{Z(\omega)} + \frac{e^{j3\omega t}}{Z(3\omega)} = \frac{1}{R} + \frac{e^{j[\omega t - \theta(\omega)]}}{\sqrt{R^2 + (\omega L)^2}} + \frac{e^{j[3\omega t - \theta(3\omega)]}}{\sqrt{R^2 + (3\omega L)^2}}$$

ただし， $\theta(\omega) = \tan^{-1}(\omega L/R) \qquad \theta(3\omega) = \tan^{-1}(3\omega L/R)$

7-3 $Y(n\omega_0) = \dfrac{1}{1 + jn} = \dfrac{\exp(-j\tan^{-1} n)}{\sqrt{1 + n^2}}$

$$e(t) = \frac{1}{2} + \frac{2}{\pi}\left(\cdots + \frac{1}{5}e^{-j5t} - \frac{1}{3}e^{-j3t} + e^{-jt} + e^{jt} - \frac{1}{3}e^{j3t} + \frac{1}{5}e^{j5t} - \cdots\right) = \frac{1}{2} + \frac{2}{\pi}\mathrm{Re}\left[e^{jt} - \frac{1}{3}e^{j3t} + \frac{1}{5}e^{j5t} - \cdots\right]$$

$$i(t) = \frac{1}{2} + \frac{2}{\pi}\mathrm{Re}\left[\sum_{m=0}^{\infty} \frac{(-1)^m \exp[j(2m+1)t]}{2m+1} \cdot \frac{\exp[-j\tan^{-1}(2m+1)]}{\sqrt{1 + (2m+1)^2}}\right]$$

$$= \frac{1}{2} + \frac{2}{\pi}\left[\left(\frac{1}{\sqrt{2}}\cos(t - \tan^{-1} 1) - \frac{1}{3\sqrt{10}}\cos(3t - \tan^{-1} 3) + \frac{1}{5\sqrt{26}}\cos(5t - \tan^{-1} 5) - \cdots\right)\right]$$

7-4 $i(t) = a(E_0 + E_1\cos\omega t) + b(E_0 + E_1\cos\omega t)^2$

$$= aE_0 + bE_0 + \frac{bE_1^2}{2} + (aE_1 + 2bE_0 E_1)\cos\omega t + \frac{bE_1^2}{2}\cos 2\omega t$$

非線形素子に対しては，複素表示を用いることができないことに注意．

7-5 (1) $Z(\omega) = 1 + j\omega, \qquad \omega = 100\pi$ だから
$$i(t) = \mathrm{Re}\left[\frac{e^{j100\pi t}}{Z(100\pi)}\right] = \frac{\cos(100\pi t + \theta)}{\sqrt{1 + (100\pi)^2}} \qquad \text{ただし，} \quad \theta = -\tan^{-1}(100\pi)$$

(2) $I(\omega) = \dfrac{1}{(1 + j\omega)} \qquad i(t) = e^{-t}u(t)$

(3) インパルス応答 $h(t) = e^{-t}u(t)$ だから， $i(t) = \left[\int_0^t e^{-x}dx\right]u(t) = (1 - e^{-t})u(t)$

(4) $i(t) = \left[\int_t^\infty e^{-x} dx \right] u(t) = e^{-t} u(t) + u(-t)$

7-6 (1) 流れる電流が $i(t)$ であるから，

$$Ri(t) + \frac{1}{C}\int_{-\infty}^t i(s)ds = v_i(t) \quad ① \qquad \frac{1}{C}\int_{-\infty}^t i(s)ds = v_0(t) \quad ②$$

②より $i(t) = C\dfrac{dv_0(t)}{dt}$ ③

②と③を①に代入すれば

$$RC\frac{dv_0(t)}{dt} + v_0(t) = v_i(t)$$

(2) (1)の微分方程式をフーリエ変換すれば

$$j\omega RC V_0(\omega) + V_0(\omega) = V_i(\omega) \qquad \therefore \frac{V_0(\omega)}{V_i(\omega)} \equiv H(\omega) = \frac{1}{1 + j\omega RC}$$

(3) (2)で求めたシステム関数を用いて，$\omega_0 = \dfrac{1}{RC}$ における振幅特性と位相特性を求めると，

$$H(\omega_0) = \frac{1}{1+j} = \frac{1}{\sqrt{2}} e^{-j\frac{\pi}{4}}$$

したがって，出力信号は振幅は $\dfrac{1}{\sqrt{2}}$ 倍，位相は $\dfrac{\pi}{4}$ だけ遅れる．$a = 1, \phi = -\dfrac{\pi}{4}$

7-7 (1) $v_i(t) = L\dfrac{di(t)}{dt} + Ri(t) \qquad v_o(t) = Ri(t)$

(2) $V_i(\omega) = (j\omega L + R)I(\omega) \qquad V_o(\omega) = RI(\omega)$

(3) $H(\omega) = \dfrac{V_o(\omega)}{V_i(\omega)} = \dfrac{R}{(j\omega L + R)} = \dfrac{R}{L} \cdot \dfrac{1}{\left(\dfrac{R}{L} + j\omega\right)}$

(4) $H(\omega) = \dfrac{e^{j\theta}}{\sqrt{1+(\omega L/R)^2}} \qquad$ ただし，$\theta = -\tan^{-1}\left(\dfrac{\omega L}{R}\right)$

(5) $h(t) = \mathcal{F}^{-1}[H(\omega)] = \mathcal{F}^{-1}\left[\dfrac{R}{L} \cdot \dfrac{1}{(R/L + j\omega)}\right] = \dfrac{R}{L} e^{-\frac{R}{L}t} u(t)$

(6) $v_o(t) = \text{Re}\left[H(\omega_0) e^{j\omega_0 t}\right] = \dfrac{1}{\sqrt{1+(\omega_0 L/R)^2}} \cos(\omega_0 t + \theta) \qquad$ ただし，$\theta = -\tan^{-1}\left(\dfrac{\omega_0 L}{R}\right)$

(7) $v_i(t) = u(t)$ なので，$v_o(t) = h(t) * u(t) = \int_0^t \left[\dfrac{R}{L} e^{-\frac{R}{L}x}\right]dx = \left(1 - e^{-\frac{R}{L}t}\right) u(t)$

第 8 章

8-1 ω_0 の近傍では，

$$\chi_e(\omega) = -\frac{Nq^2}{m\varepsilon_0} \cdot \frac{\omega^2 - \omega_0^2 + j\omega\gamma}{(\omega^2 - \omega_0^2)^2 + (\omega\gamma)^2} \simeq -\frac{Nq^2}{m\varepsilon_0} \cdot \frac{2\omega_0(\omega - \omega_0) + j\omega_0\gamma}{4\omega_0^2(\omega - \omega_0)^2 + (\omega_0\gamma)^2}$$

$\chi_e = \chi' - j\chi''$ とおくと，実部と虚部はそれぞれ次のようになる．

$$\chi'(\omega) \cong -\frac{Nq^2}{2m\varepsilon_0\omega_0} \cdot \frac{\omega-\omega_0}{(\omega-\omega_0)^2+(\gamma/2)^2}$$

$$\chi''(\omega) \cong \frac{Nq^2}{4m\varepsilon_0\omega_0} \cdot \frac{\gamma}{(\omega-\omega_0)^2+(\gamma/2)^2}$$

図 A8.1 に ω_0 の近傍での $\chi'(\omega)$ と $\chi''(\omega)$ のグラフを示す.

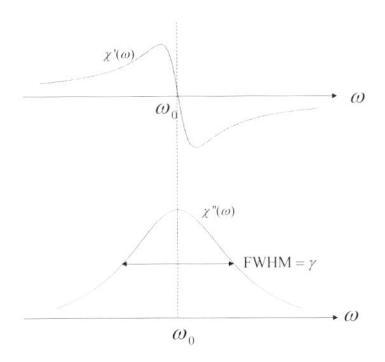

図 A8.1 複素電気感受率の実部と虚部

8-2 前問の結果より, $\chi'(-\omega)=\chi'(\omega)$, $\chi''(-\omega)=-\chi''(\omega)$. また $\chi_c = \chi' - j\chi''$ より,

$$\chi'(\omega) = -\frac{1}{\pi}P\int_{-\infty}^{+\infty}\frac{\chi''(\omega')}{\omega-\omega'}d\omega' = -\frac{1}{\pi}\left[P\int_{-\infty}^{0}\frac{\chi''(\omega')}{\omega-\omega'}d\omega' + P\int_{0}^{+\infty}\frac{\chi''(\omega')}{\omega-\omega'}d\omega'\right]$$

$$= -\frac{1}{\pi}\left[-P\int_{0}^{+\infty}\frac{\chi''(\omega')}{\omega+\omega'}d\omega' + P\int_{0}^{+\infty}\frac{\chi''(\omega')}{\omega-\omega'}d\omega'\right] = -\frac{2}{\pi}P\int_{0}^{+\infty}\frac{\omega'\chi''(\omega')}{\omega^2-\omega'^2}d\omega'$$

$$\chi''(\omega) = \frac{1}{\pi}P\int_{-\infty}^{+\infty}\frac{\chi'(\omega')}{\omega-\omega'}d\omega' = \frac{1}{\pi}\left[P\int_{-\infty}^{0}\frac{\chi'(\omega')}{\omega-\omega'}d\omega' + P\int_{0}^{+\infty}\frac{\chi'(\omega')}{\omega-\omega'}d\omega'\right]$$

$$= \frac{1}{\pi}\left[P\int_{0}^{+\infty}\frac{\chi'(\omega')}{\omega+\omega'}d\omega' + P\int_{0}^{+\infty}\frac{\chi'(\omega')}{\omega-\omega'}d\omega'\right] = +\frac{2\omega}{\pi}P\int_{0}^{+\infty}\frac{\chi'(\omega')}{\omega^2-\omega'^2}d\omega'$$

8-3 $U(\omega) = A(\omega)e^{j\phi(\omega)}$ と書くと, $u(t)$ は実数だから $A(\omega) = A(-\omega)$, $\Phi(-\omega) = -\Phi(\omega)$ が成り立つ. したがって,

$$u(t) = \frac{1}{2\pi}\int_{-\infty}^{\infty}U(\omega)e^{j\omega t}d\omega = \frac{1}{2\pi}\int_{0}^{\infty}2A(\omega)\cos[\Phi(\omega)+\omega t]d\omega \quad \text{①}$$

一方, $U_c(\omega) = A_c(\omega)\exp(j\Phi_c(\omega))$ と書くと

$$u_c(t) = \frac{1}{2\pi}\int_{-\infty}^{\infty}A_c(\omega)e^{j\Phi_c(\omega)}e^{j\omega t}d\omega = \frac{1}{2\pi}\left[\int_{-\infty}^{\infty}A_c(\omega)\cos[\Phi_c(\omega)+\omega t]d\omega + j\int_{-\infty}^{\infty}A_c(\omega)\sin[\Phi_c(\omega)+\omega t]d\omega\right]$$

を用いて, $u(t) = \frac{1}{2}[u_c(t) + u_c^*(t)] = \frac{1}{2\pi}\int_{-\infty}^{\infty}A_c(\omega)\cos[\Phi_c(\omega)+\omega t]d\omega \quad \text{②}$

式①と②が恒等的に等しいためには,

$$A_c(\omega) = \begin{cases} 2A(\omega) & (\omega \geq 0) \\ 0 & (\omega \leq 0) \end{cases} \qquad \Phi_c(\omega) = \Phi(\omega) \quad (\omega \geq 0)$$

なお，$u_c(t)$ はこれより $u_c(t) = \dfrac{1}{\pi}\int_0^\infty U(\omega)e^{j\omega t}d\omega$　と書くことができる．

8-4 (1) $h(t) = (1-r^2)\left[\delta(t) + r^2\delta(t-\tau) + r^4\delta(t-2\tau) + r^6\delta(t-3\tau) + \cdots\right]$

$\qquad\qquad = (1-r^2)\displaystyle\sum_{m=0}^{\infty} r^{2m}\delta(t-m\tau)$

(2) $H(\omega) = (1-r^2)\displaystyle\sum_{m=0}^{\infty} r^{2m}\exp(-jm\tau\omega) = \dfrac{1-r^2}{1-r^2\exp(-j\tau\omega)}$

(3) $|H(\omega)| = \dfrac{1}{\sqrt{1+\left[\dfrac{2r}{1-r^2}\sin\left(\dfrac{\tau\omega}{2}\right)\right]^2}} = \dfrac{1}{\sqrt{1+\left[\dfrac{2r}{1-r^2}\sin\left(\dfrac{nd\omega}{2c}\right)\right]^2}}$

$\qquad \omega_m = m\dfrac{2\pi c}{nd}$　　（m：整数）　　となる角周波数に透過ピークを持つ．

8-5 開口を $f_0(x_0,y_0) = \text{rect}(x_0/a)$ と表すと，十分遠方ではフーリエ変換像 $F_0(u,v) = a\,\text{sinc}(au/2)\cdot 2\pi\delta(v)$ となる．ただし，$u = kx/z = k\tan\theta$，$v = ky/z$．$au/2 = \pi$ で $F_0(u,v)$ は 0 となるから，広がり角は $2\theta \cong 2\tan\theta = 2\lambda/a$

8-6 透過係数 $t(x)$ のフーリエ級数展開はベッセル関数を用いて，

$$t(x) = \exp[j\phi\cos(Kx)] = \sum_{m=-\infty}^{\infty} j^m J_m(\phi)\exp[jmKx]$$

で表される．十分遠方での n 次回折光の回折効率は例題 8.10 より，$\eta_n = |j^n J_n(\phi)|^2 = |J_n(\phi)|^2$ で与えられる．1 次回折光は $\phi = 1.84$ で最大効率 34%となる．
図 A8.2 にベッセル関数のグラフを示す．

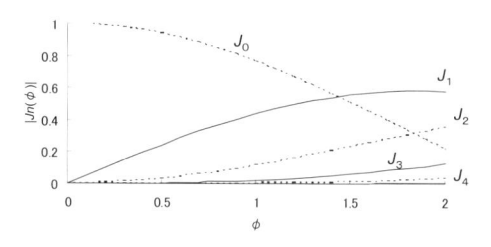

図 **A8.2**　ベッセル関数のグラフ

8-7 透過率分布は，$t(x) = \exp(ju_0 x)$，$u_0 = 2\pi/\Lambda$　だから，級数展開としてみると $c_1 = 1$，それ以外の $c_n = 0$ となっている．したがって，＋1 次の回折光のみで効率 100%．

8-8 $\psi(x_0,y_0) = \exp[-(x_0^2+y_0^2)/w_0^2]$ のフーリエ変換は

$$\Psi(u,v) = \pi w_0^2\left[-\dfrac{w_0^2}{4}(u^2+v^2)\right] \cong \pi w_0^2\exp\left[-\dfrac{x^2+y^2}{(2z/kw_0)^2}\right]$$

振幅が e^{-1} になる点で定義されるビーム半径は $2z/kw_0$ だから，ビーム広がり角は $2\theta \cong 2\tan\theta = 2\lambda/(\pi w_0)$

図 A8.3 参照.

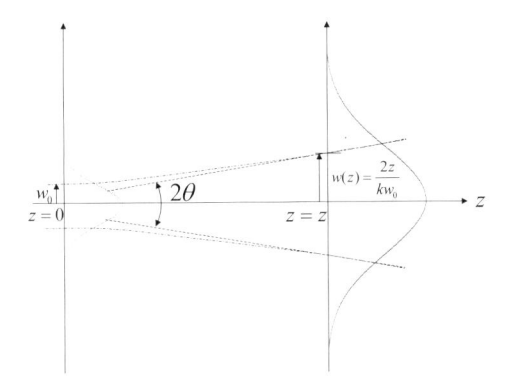

図 **A8.3** ガウシアン光ビームの伝播

第 9 章

9-1 $f(t) = A(1 + m_0 \cos \omega_m t) \cos \omega_c t = A \cos \omega_c t + A m_0 \cos \omega_m t \cos \omega_c t$

$= A \cos \omega_c t + \dfrac{1}{2} A m_0 \{\cos(\omega_m - \omega_c)t + \cos(\omega_m + \omega_c)t\}$

よって正弦波のフーリエ変換の公式を使えば

$F(\omega) = A\pi \{\delta(\omega - \omega_c) + \delta(\omega + \omega_c)\}$

$\quad + \dfrac{1}{2} A m_0 \pi \{\delta(\omega - \omega_m + \omega_c) + \delta(\omega + \omega_m - \omega_c) + \delta(\omega - \omega_m - \omega_c) + \delta(\omega + \omega_m + \omega_c)\}$

9-2 関数 $f(t)$ は基本角周波数 ω_0 を持つ周期関数であるから,積分範囲を一周期に限定してよい.したがって,

$\overline{R_{11}}(\tau) = \lim_{T \to \infty} \dfrac{1}{T} \int_{-T/2}^{T/2} f(t) f(t - \tau) dt = \dfrac{1}{T_0} \int_{-T_0/2}^{T_0/2} \left[\sum_{m=1}^{\infty} a_m \cos(m\omega_0 t + \phi_m) \cdot \sum_{n=1}^{\infty} a_n \cos\{n\omega_0 (t - \tau) + \phi_n\} \right] dt$

$= \sum_{m=1}^{\infty} \sum_{n=1}^{\infty} \dfrac{a_m a_n}{T_0} \int_{-T_0/2}^{T_0/2} \cos(m\omega_0 t + \phi_m) \cos(n\omega_0 t + \phi_n - n\omega_0 \tau) dt$

$= \sum_{n=1}^{\infty} \dfrac{a_n^2}{T_0} \int_{-T_0/2}^{T_0/2} \cos(n\omega_0 t + \phi_n) \cos(n\omega_0 t + \phi_n - n\omega_0 \tau) dt$

$= \sum_{n=1}^{\infty} \dfrac{a_n^2}{2T_0} \int_{-T_0/2}^{T_0/2} \{\cos(2n\omega_0 t + 2\phi_n - n\omega_0 \tau) + \cos n\omega_0 \tau\} dt = \sum_{n=1}^{\infty} \dfrac{a_n^2}{2} \cos n\omega_0 \tau$

信号 $f(t)$ と同じ周期を持つ周期関数になる.しかも各高調波成分の位相 ϕ_n が消え,原点 ($\tau = 0$) で位相が揃っていることに注意.

9-3 (1) $z(t) = y(t) + n(t) = \int_{-\infty}^{\infty} h(\tau) x(t - \tau) d\tau + n(t)$

(2) $Z(\omega) = H(\omega) X(\omega) + N(\omega)$

(3) $R_{zx}(\tau) = R_{yx}(\tau) + R_{nx}(\tau) = R_{yx}(\tau)$ （∵ $x(t)$と$n(t)$は無相関）

$= \int_{-\infty}^{\infty} h(\sigma) R_{xx}(\tau - \sigma) d\sigma$ （∵定理9.4 (2)）

(4) 観測信号 $z(t)$ には雑音 $n(t)$ がそのまま含まれており，入力 $x(t)$ に対する応答を調べようとしても，雑音の影響を受ける．これに対して入力を $R_{xx}(\tau)$，出力を $R_{zx}(\tau)$ とみなすと，この両者の関係には雑音の影響が除かれ，雑音のないときの入力と出力の関係が得られる．相関をとることにより，雑音が除かれたことになる．

9-4 $s_0(t) = s(t) * h(t) = s(t) * s(t_0 - t) = \int_{-\infty}^{\infty} s(\tau) \cdot s(t_0 - t + \tau) d\tau$

$= \int_{-\infty}^{\infty} s(\tau) \cdot s(\tau - (t - t_0)) d\tau = R_{ss}(t - t_0)$

すなわち，既知信号 $s(t)$ の自己相関関数が t_0 だけシフトしたものになる．

9-5 (1) $\Delta t = \dfrac{L}{c}$，$f_1(t) = f(t - \dfrac{L}{c})$ (2) $f_2(t) = af(t - \dfrac{L + \Delta L}{c})$

(3) $G(\omega) = \mathcal{F}\left[f(t - \dfrac{L}{c})\right] + \mathcal{F}\left[af(t - \dfrac{L + \Delta L}{c})\right] = F(\omega) e^{-j\omega \frac{L}{c}} + aF(\omega) e^{-j\omega \frac{L + \Delta L}{c}}$

$= (1 + ae^{-j\omega \frac{\Delta L}{c}}) e^{-j\omega \frac{L}{c}} F(\omega)$

(4) $H(\omega) = (1 + ae^{-j\omega \frac{\Delta L}{c}}) e^{-j\omega \frac{L}{c}}$

9-6 (1) $y(t) = \int_0^{\infty} h(\sigma) e^{j\omega(t-\sigma)} d\sigma = \left[\int_0^{\infty} h(\sigma) e^{-j\omega\sigma} d\sigma\right] e^{j\omega t} = \left[\int_{-\infty}^{\infty} h(\sigma) e^{-j\omega\sigma} d\sigma\right] e^{j\omega t} = H(\omega) e^{j\omega t}$

ただし，$h(\sigma) = 0, \sigma < 0$ なる性質を用いて積分範囲の下限を 0 から $-\infty$ にしている．

(2) $y(t) = \int_0^{\infty} \delta(\sigma - T) x(t - \sigma) d\sigma$, $\sigma - T = \sigma'$ とおくと

$y(t) = \int_0^{\infty} \delta(\sigma') x(t - \sigma' - T) d\sigma' = x(t - T)$．　すなわち T 秒だけ遅れる．

(3) $\delta(\sigma - T)$ がインパルス応答であるから，入力に $\delta(t)$ を加えれば，そのときの出力は $\delta(t - T)$ となる．（T 秒遅れたデルタ関数）

9-7 $R_{fg}(\tau) = \int_{-\infty}^{\infty} f(t) g(t - \tau) dt = \int_{-\infty}^{\infty} h(t - 10) h(t - 20 - \tau) dt = R_{hh}(\tau + 10)$．　または，

$R_{gf}(\tau) = R_{hh}(\tau - 10)$

9-8 (1) 両辺をフーリエ変換すれば

$(Tj\omega + 1) Y(\omega) = X(\omega)$

したがって，　$H(\omega) = \dfrac{Y(\omega)}{X(\omega)} = \dfrac{1}{Tj\omega + 1}$

(2) $P_{yy}(\omega) = |H(\omega)|^2 \cdot P_{xx}(\omega) = \dfrac{\sigma^2}{T^2 \omega^2 + 1}$

9-9 サンプリング間隔を T とすると，$f_s = \dfrac{1}{T}$．$t = nT$ （n = 整数）におけるサンプル値は

$\cos 2\pi f \cdot nT = \cos 2\pi(\dfrac{1}{2} f_s + f_0) nT = \cos 2\pi(f_s - \dfrac{1}{2} f_s + f_0) nT$

$= \cos 2\pi(-\dfrac{1}{2} f_s + f_0) nT = \cos 2\pi(\dfrac{1}{2} f_s - f_0) nT$

9-10 $\sin 2\pi f \cdot nT = \sin 2\pi (\frac{1}{2}f_s + f_0)nT = \sin 2\pi (f_s - \frac{1}{2}f_s + f_0)nT = \sin 2\pi (-\frac{1}{2}f_s + f_0)nT$

$= -\sin 2\pi (\frac{1}{2}f_s - f_0)nT$

第 10 章

10-1 (3) $\mathcal{L}\left[\int_{-\infty}^{t} f(\tau)d\tau\right] = \int_{0}^{\infty}\left[\int_{-\infty}^{t} f(\tau)d\tau\right]e^{-st}dt = \left[-\frac{1}{s}\int_{-\infty}^{t} f(\tau)d\tau \cdot e^{-st}\right]_{0}^{\infty} + \frac{1}{s}\int_{0}^{\infty} f(t)e^{-st}dt$

$= \frac{1}{s}F(s) + \frac{1}{s}f^{-1}(0+)$

(5) 微分定理において $s \to 0$ とすれば,

$\lim_{s \to 0}\int_{0}^{\infty} \frac{df(t)}{dt}e^{-st}dt = \lim_{s \to 0}[sF(s) - f(0+)]$

左辺は,

$\lim_{s \to 0}\int_{0}^{\infty} \frac{df(t)}{dt}e^{-st}dt = \int_{0}^{\infty} \frac{df(t)}{dt}dt = \lim_{t \to \infty}\int_{0}^{t} \frac{df(t)}{dt}dt = \lim_{t \to \infty} f(t) - f(0+)$

となるから, 右辺と比較して,

$\lim_{t \to \infty} f(t) = \lim_{s \to 0} sF(s)$

(6) $\mathcal{L}[f(t - \tau)] = \int_{0}^{\infty} f(t - \tau)e^{-st}dt = \int_{0}^{\infty} f(\sigma)e^{-s(\sigma + \tau)}d\sigma = e^{-\tau s}F(s)$

(7) $\mathcal{L}[e^{-at}f(t)] = \int_{0}^{\infty} e^{-at}f(t)e^{-st}dt = \int_{0}^{\infty} f(t)e^{-(s+a)t}dt = F(s+a)$

(8) $\mathcal{L}\left[\int_{0}^{\infty} f_1(\tau)f_2(t-\tau)d\tau\right] = \int_{0}^{\infty}\left[\int_{0}^{\infty} f_1(\tau)f_2(t-\tau)d\tau\right]e^{-st}dt = \int_{0}^{\infty}\int_{0}^{\infty} f_1(\tau)f_2(t-\tau)e^{-s(t-\tau)}e^{-s\tau}dt d\tau$

$= \int_{0}^{\infty} f_1(\tau)e^{-s\tau}d\tau \int_{0}^{\infty} f_2(t-\tau)e^{-s(t-\tau)}dt = F_1(s)F_2(s)$

10-2 (1) $\frac{1}{s} + \frac{1}{s^2} + \frac{2}{s^3} + \frac{6}{s^4}$ (2) $\frac{1}{(s+a)^2}$ (3) $\frac{s\cos\theta - \omega\sin\theta}{s^2 + \omega^2}$ (4) $\frac{1}{a}F\left(\frac{s}{a}\right)$

10-3 (1) $f(t) = u(t-1) - u(t-2)$ であるから, $F(s) = \frac{e^{-s}}{s} - \frac{e^{-2s}}{s} = \frac{e^{-s} - e^{-2s}}{s}$

(2) $g(t) = u(t-1) - 2u(t-2) + u(t-3)$ であるから, $G(s) = \frac{e^{-s}}{s} - 2\frac{e^{-2s}}{s} + \frac{e^{-3s}}{s} = \frac{e^{-s} - 2e^{-2s} + e^{-3s}}{s}$

10-4 (1) $10\delta(t)$ (2) $1 - e^{-2t}$

(3) $\frac{8}{s^3(s+2)} = \frac{1}{s} - \frac{2}{s^2} + \frac{4}{s^3} - \frac{1}{s+2}$ であるから, $1 - 2t + 2t^2 - e^{-2t}$ (4) $e^{-t}\cos 2t$

10-5 伝達関数が $G(s) = \frac{1}{s^2 + 3s + 2}$, 入力は $U(s) = \frac{1}{s}$ であるから,

$Y(s) = G(s)U(s) = \frac{1}{s^2 + 3s + 2} \cdot \frac{1}{s} = \frac{1}{s+1} + \frac{1}{2(s+2)} + \frac{1}{2s}$ である. したがって,

$y(t) = -e^{-t} + \frac{1}{2}e^{-2t} + \frac{1}{2}u(t)$

10-6 問題 7-6 より, 入出力間の微分方程式は, $RC\frac{dv_o(t)}{dt} + v_o(t) = v_i(t)$ である.

(1) $-\infty < t < 0$ では入力は 0 であるから, コンデンサーの極板間の電位差も 0 である. し

たがって，初期値 $v_o(0+)$ を 0 として微分方程式をラプラス変換すればよい．T が十分に大きいことから，入力をステップ関数とすると，$V_o(s) = \dfrac{1}{RCs+1} \cdot \dfrac{1}{s} = \dfrac{1}{s} - \dfrac{RC}{RCs+1}$．よって，

$$v_o(t) = u(t) - e^{-\frac{t}{RC}}$$

(2) $t = T$ に入力は 0 になる．このとき，$T \gg RC$ であるから，(1)の解における第二項は 0 とみなしてよい．したがって，$v_o(T) = 1$ を初期値として，入力が 0 の場合を解けばよい．時間原点を $t = T$ にとり，微分定理を用いると，$RC\{sV_o(s) - v_o(0+)\} + V_o(s) = V_i(s)$ より，$v_o(0+) = 1, V_i(s) = 0$ とすると，$V_o(s) = \dfrac{1}{s + \dfrac{1}{RC}}$ となる．逆変換して時間をもとに戻せば，$v_o(t) = e^{-\frac{t-T}{RC}}, t > T$ となる．

10-7 各システムの入出力関係から，

$Y_1(s) = G_1(s)X(s), Y_2(s) = G_2(s)Y_1(s), \cdots, Y_k(s) = G_k(s)Y_{k-1}(s)$ となる．$Y_1(s), Y_2(s), \cdots, Y_{k-1}(s)$ を消去すれば，$Y_k(s) = G_1(s)G_2(s) \cdots G_k(s)X(s)$ となることから明らか．

10-8 (1) 微分方程式をラプラス変換すれば，$Y_i(s) = \dfrac{A_i}{T_i s + 1} X_i(s), i = 1, 2$．この場合，初期値は 0 としてよい．したがって，デルタ関数の入力の場合（$x_i(t) = \delta(t)$）を考えれば，$H_i(s) = \dfrac{A_i}{T_i s + 1}, i = 1, 2$ である．その逆変換としてインパルス応答 $h_i(t) = \dfrac{A_i}{T_i} e^{-\frac{t}{T_i}}$，$i = 1, 2$ を得る．

(2) ステップ入力の場合には $X_i(s) = \dfrac{1}{s}$ とすればよいから，

$$Y_i(s) = \dfrac{A_i}{T_i s + 1} \cdot \dfrac{1}{s} = A_i \left(\dfrac{1}{s} - \dfrac{1}{s + \dfrac{1}{T_i}} \right), \quad i = 1, 2$$

その逆変換から，ステップ応答は

$$g_i(t) = A_i \left(u(t) - e^{-\frac{t}{T_i}} \right), \quad i = 1, 2 \text{ となる．}$$

(3) 図(1)のシステムの伝達関数は $G_1(s) = \dfrac{A_1}{T_1 s + 1} \cdot \dfrac{A_2}{T_2 s + 1}$

図(2)のそれは $G_2(s) = \dfrac{A_2}{T_2 s + 1} \cdot \dfrac{A_1}{T_1 s + 1} = \dfrac{A_1}{T_1 s + 1} \cdot \dfrac{A_2}{T_2 s + 1}$ であるから，$G_1(s)$ に等しい．

(4) 入力がステップ関数の場合のシステムの出力を求めればよい．図(1)も(2)も共に等しくなり，それを $g(t)$ とすれば，

ⅰ) $T_1 \neq T_2$ の場合

$$g(t) = \mathcal{L}^{-1}\left[\frac{A_1}{T_1 s+1} \cdot \frac{A_2}{T_2 s+1} \cdot \frac{1}{s}\right] = \mathcal{L}^{-1}\left[A_1 A_2 \left\{\frac{1}{s} - \frac{1}{1-\frac{T_2}{T_1}}\frac{1}{s+\frac{1}{T_1}} - \frac{1}{1-\frac{T_1}{T_2}}\frac{1}{s+\frac{1}{T_2}}\right\}\right]$$

$$= A_1 A_2 \left\{u(t) - \frac{1}{1-\frac{T_2}{T_1}} e^{-\frac{t}{T_1}} - \frac{1}{1-\frac{T_1}{T_2}} e^{-\frac{t}{T_2}}\right\}$$

ⅱ) $T_1 = T_2 = T$ の場合

$$g(t) = \mathcal{L}^{-1}\left[\frac{A_1 A_2}{(Ts+1)^2} \cdot \frac{1}{s}\right] = \mathcal{L}^{-1}\left[A_1 A_2 \left\{\frac{1}{s} - \frac{1}{s+\frac{1}{T}} - \frac{\frac{1}{T}}{\left(s+\frac{1}{T}\right)^2}\right\}\right]$$

$$= A_1 A_2 \left\{u(t) - \left(1+\frac{t}{T}\right)e^{-\frac{t}{T}}\right\}$$

参考文献

1. 小暮陽三：『なっとくするフーリエ変換』，講談社（1999）．
2. H. P. スウ著，佐藤平八訳：『フーリエ解析』，森北出版（1979）．
3. 松尾博：『デジタル・アナログ信号処理のためのやさしいフーリエ変換』，森北出版（1986）．
4. 森口繁一，宇田川銈久，一松信：『数学公式 II ―級数・フーリエ解析―』，岩波書店（1967）．

索　引

【ア行】

アドミタンス　77
位相器　144
位相スペクトル　22
移動不変性　64
因果関数　62
インパルス応答　62, 64
ウィナー‐キンチンの定理　56
エネルギー・スペクトル　51
エリアシング　98
オイラーの公式　3

【カ行】

回折　89
回折格子　91
解折信号　93
ガウス型関数　24
重ね合わせの原理　63
過渡解　62
関数の内積　11
奇関数　6
基本周期　1
逆フーリエ変換　21
空間角周波数　87
偶関数　6
矩形関数　24
クロススペクトル密度　102
クロネッカーのデルタ　12
コンボリューション　48

【サ行】

サンプリング　38
サンプリング定理　98
時間たたみ込み定理　50
時間平均　5
シグナム関数　43
自己相関関数　52
システム伝達関数　65
周期関数　1
周波数たたみ込み定理　50
振幅変調　95
ステップ関数　41
正弦積分関数　68
整合フィルタ　101
積分主値　84
絶対値スペクトル　22
線形システム　63
線形常微分方程式　59
線形性　26
相関関数　52
相互相関関数　52
側帯波　96

【タ行】

たたみ込み積分　47
単位階段関数　41
超関数　34
直交関数列　11
低域通過フィルタ　67
定常解　61
デルタ関数　33
デルタ関数列　38
電気感受率　81

【ナ行】

ナイキスト間隔　98
2次元フーリエ変換　87

【ハ行】

白色雑音　101
白色スペクトル　36

パーシバルの定理　51
波動方程式　86
パワースペクトル密度　102
搬送波　95
標本化　38
ヒルベルト変換　85
不確定性原理　29
復調　97
複素インピーダンス　72
複素電気感受率　82
複素表示　3
フーリエ級数展開　12
フーリエ積分　21

フーリエ変換　21
平均相関関数　99
平均電力　73
ベッセル関数　148

【マ行】

無相関　101
無歪　66

【ラ行】

ラプラス逆変換　107
ラプラス変換　107
ローレンツ形　83

英　字

【B】

Bessel 関数　*94*

【K】

Kramers‐Kronig の関係式　*85*

【S】

sinc 関数　*24*

著者紹介

黒川　隆志（くろかわ　たかし）
1973年　東京大学大学院理学系研究科修士課程修了
現　在　東京農工大学名誉教授・理学博士
著　書　『光機能デバイス』（共立出版，2004）
　　　　『光情報工学』（共編著，コロナ社，2001）
　　　　『半導体フォトニクス工学』（共著，コロナ社，1995）
　　　　『光コンピューティングの事典』（共著，朝倉書店，1997）
　　　　他

小畑　秀文（こばたけ　ひでふみ）
1972年　東京大学大学院工学系研究科博士課程修了
元　　　かえつ有明中・高等学校校長・工学博士
著　書　『モルフォロジー』（コロナ社，1996）
　　　　『Windows版　CAIディジタル信号処理』（共著，コロナ社，1998）
　　　　他

演習で身につくフーリエ解析　　著　者　黒川隆志・小畑秀文　© 2005

発行者　南條光章

2005年3月10日　初版1刷発行
2025年2月15日　初版14刷発行

発行所　**共立出版株式会社**
　　　　郵便番号　112-0006
　　　　東京都文京区小日向4-6-19
　　　　電話 03-3947-2511（代表）
　　　　振替口座 00110-2-57035
　　　　URL www.kyoritsu-pub.co.jp

印　刷　壯光舎印刷
製　本　協栄製本

検印廃止
NDC 413

ISBN 978-4-320-01776-4

一般社団法人
自然科学書協会
会員

Printed in Japan

JCOPY　＜出版者著作権管理機構委託出版物＞
本書の無断複製は著作権法上での例外を除き禁じられています。複製される場合は，そのつど事前に，出版者著作権管理機構（TEL：03-5244-5088，FAX：03-5244-5089，e-mail：info@jcopy.or.jp）の許諾を得てください。

◆ 色彩効果の図解と本文の簡潔な解説により数学の諸概念を一目瞭然化！

ドイツ Deutscher Taschenbuch Verlag 社の『dtv-Atlas事典シリーズ』は，見開き2ページで1つのテーマが完結するように構成されている。右ページに本文の簡潔で分り易い解説を記載し，かつ左ページにそのテーマの中心的な話題を図像化して表現し，本文と図解の相乗効果で理解をより深められるように工夫されている。これは，他の類書には見られない『dtv-Atlas事典シリーズ』に共通する最大の特徴と言える。本書は，このシリーズの『dtv-Atlas Mathematik』と『dtv-Atlas Schulmathematik』の日本語翻訳版。

カラー図解 数学事典

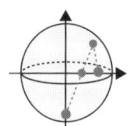

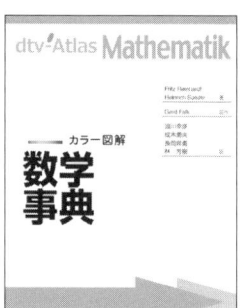

Fritz Reinhardt・Heinrich Soeder [著]
Gerd Falk [図作]
浪川幸彦・成木勇夫・長岡昇勇・林 芳樹 [訳]

数学の最も重要な分野の諸概念を網羅的に収録し，その概観を分り易く提供。数学を理解するためには，繰り返し熟考し，計算し，図を書く必要があるが，本書のカラー図解ページはその助けとなる。

【主要目次】 まえがき／記号の索引／序章／数理論理学／集合論／関係と構造／数系の構成／代数学／数論／幾何学／解析幾何学／位相空間論／代数的位相幾何学／グラフ理論／実解析学の基礎／微分法／積分法／関数解析学／微分方程式論／微分幾何学／複素関数論／組合せ論／確率論と統計学／線形計画法／参考文献／索引／著者紹介／訳者あとがき／訳者紹介

■菊判・ソフト上製本・508頁・定価6,050円(税込)■

カラー図解 学校数学事典

Fritz Reinhardt [著]
Carsten Reinhardt・Ingo Reinhardt [図作]
長岡昇勇・長岡由美子 [訳]

『カラー図解 数学事典』の姉妹編として，日本の中学・高校・大学初年級に相当するドイツ・ギムナジウム第5学年から13学年で学ぶ学校数学の基礎概念を1冊に編纂。定義は青で印刷し，定理や重要な結果は緑色で網掛けし，幾何学では彩色がより効果を上げている。

【主要目次】 まえがき／記号一覧／図表頁凡例／短縮形一覧／学校数学の単元分野／集合論の表現／数集合／方程式と不等式／対応と関数／極限値概念／微分計算と積分計算／平面幾何学／空間幾何学／解析幾何学とベクトル計算／推測統計学／論理学／公式集／参考文献／索引／著者紹介／訳者あとがき／訳者紹介

■菊判・ソフト上製本・296頁・定価4,400円(税込)■

www.kyoritsu-pub.co.jp　　共立出版　　(価格は変更される場合がございます)